畜禽遗传资源调查技术手册

第二版

王宗礼　主编

中国农业出版社
北　京

图书在版编目（CIP）数据

畜禽遗传资源调查技术手册 / 王宗礼主编. —2版. —北京：中国农业出版社，2019.12（2020.9重印）
ISBN 978-7-109-26014-6

Ⅰ. ①畜… Ⅱ. ①王… Ⅲ. ①畜禽－种质资源－资源调查－技术手册 Ⅳ. ①S813.9-62

中国版本图书馆CIP数据核字（2019）第214848号

中国农业出版社出版
地址：北京市朝阳区麦子店街18号楼
邮编：100125
责任编辑：张艳晶
版式设计：杨 婧　　责任校对：沙凯霖
印刷：中农印务有限公司
版次：2019年12月第2版
印次：2020年9月北京第2次印刷
发行：新华书店北京发行所
开本：889mm × 1194mm　1/32
印张：5.25
字数：150千字
定价：68.00元

第二版 编委会名单

主　编：王宗礼

副主编：张桂香

编　委：王宗礼　吴常信　芒　来　刘长春
　　　　张桂香　阎　萍　马月辉　石　巍
　　　　孙玉江　张　浩　李慧芳

主要撰稿人（按章节顺序）：

常　洪　阎　萍　马月辉　王林云
陈宽维　张　浩　孙玉江　杨福合
石　巍　葛凤晨　张桂香　王小强
韩　旭　晋美加措　杨红杰

第一版 编委会名单

第二版 前言

畜禽遗传资源是生物多样性的重要组成部分，是维护国家生态安全、农业安全的重要战略资源，是畜牧业可持续发展的物质基础。畜禽遗传资源调查是畜禽遗传资源保护与管理工作的重要内容，是发展畜牧业生产的重要基础性工作。

1949年以来，我国先后于20世纪70年代后期到80年代中期、“十一五”期间，组织开展了两次大规模的畜禽遗传资源调查，基本摸清了全国交通比较发达地区的畜禽遗传资源状况，编撰出版了《中国家畜家禽品种志》《中国畜禽遗传资源志》等专著，发布并修订了《国家级畜禽遗传资源保护名录》，推动全国畜禽遗传资源保护与开发利用工作持续推进。但受当时生态环境特殊、地理位置偏僻、交通条件不便和资金缺乏等因素限制，对四川、云南、西藏、甘肃、青海和新疆等省（自治区）青藏高原区域分布的畜禽遗传资源一直没有开展全面、彻底、系统的调查。

近年来，在青藏高原区域陆续鉴定通过了雪多牦牛、环湖牦牛、欧拉羊等新发现的遗传资源。但是当地还有部分畜禽遗传资源尚未被充分认识和挖掘，尤其是随着工业化、城镇化进程加快，农业种养方式转变，以及环保治理力度加大等因素影响，畜禽遗传资源状况也发生了很大变化。为贯彻落实《乡村振兴战略规划（2018—2022年）》《全国畜禽遗传资源保护和利用“十三五”规划》，摸清青藏高原区域畜禽遗传资源家底，农业农村部种业管理司组建后，决定启动青藏高原区域畜禽遗传资源调查工作。青藏高原区域畜禽遗传资源调查是庞大的系统工程，涉及省份多，涉及单位多，涉及学科多，这次能顺利启动是相关部门、单位共同努力、合力推动的结果。开展青藏高原区域畜禽遗传资源调查，对于进一步丰富我国畜禽遗传资源多样性，开展科学保护与可持续利用，促进乡村振兴与脱贫攻坚等工作都具有重大意义。

为配合开展这次调查工作，我们组织专家编写了这本技术手册。该手册是在2006年国家畜禽遗传资源委员会办公室组织编写第一版基础上修订而成，充分考虑了青藏高原区域畜禽遗传资源的特点，补充了牦牛、马（驴）、家禽、蜜蜂等遗传资源的有关调查内容，新增、调整了部分技术指标，更具有针对性和专业性，且简明扼要，科学实用，是这次调查工作的专用技术指导材料。

在本手册修订过程中，农业农村部种业管理司、相关科研院所与高校专家、各调查地区农业主管部门、技术推广机构相关负责领导和同志给予了大力支持与帮助，在此表示衷心感谢。由于编者水平有限，书中出现纰漏在所难免，欢迎读者提出宝贵意见。

编　者

2019年7月

第一版前言

畜禽遗传资源调查是畜禽遗传资源保护与管理工作的一项主要内容，是发展畜牧业生产的一项重要基础性工作。

20世纪70年代后期到80年代中期，农业部组织全国农业、科研、教学各部门，开展了新中国成立后第一次较大规模的畜禽遗传资源调查，基本摸清了全国交通比较发达地区的遗传资源状况，并出版了《中国家畜家禽品种志》。《中国家畜家禽品种志》较为全面地记载了我国家畜家禽资源的形成和发展变化情况，在当时的历史条件下对各类畜禽品种的形成、发展和现状做了科学论述，是一部划时代的畜牧科学著作。

畜禽遗传资源属于可变性资源和可更新性资源，畜禽遗传资源调查是一项阶段性与持续性相结合的工作。我国已有20多年没有开展全国性的畜禽遗传资源调查了。而这20多年又恰恰是我国国民经济和社会发展发生根本变化和我国畜牧业经历高速发展的时期。随着人民生活水平提高，畜产品市场需求不断变化，我国畜禽遗传资源状况发生了重大变化。

因此，很有必要开展一次全国性的畜禽遗传资源调查，全面查清我国家畜家禽种质资源的数量、分布、特性及开发利用的最新状况，为国家制定畜牧业生产发展规划提供可靠信息，为合理利用资源，培育新品种提供科学依据，为科研教学单位提供基础资料，为畜牧企业从事畜禽资源开发与利用提供指导意见，为开展国际交流与合作奠定基础。

2004年国务院办公厅下发了《关于加强生物物种资源保护和管理的通知》，明确提出，“要迅速开展一次全国生物物种资源调查，争取用二到三年的时间，基本查清我国栽培植物、家畜家禽种质资源和水生生物、观赏植物、药用植物等物种资源的状况。”为贯彻落实国务院通知精神，在农业部畜牧业司的领导下，国家畜禽遗传资源委员会联合各省（区、市）畜牧管理部门、技术推广机构和有关科研院校、专家，启动了“全国畜禽遗传资源调查”项目。

畜禽遗传资源调查是一项基础性工作，公益性强，社会效益显著。畜禽遗传资源调查同时又是一项纷繁浩大的系统工程，是持之以恒的事业，不是短期行为。从现场调查到资料收集、分析、论证，再到志书编写、出版，牵涉诸多环节和部门，需要周密的计划安排，需要强有力的组织领导，需要各部门、各单位的密切配合。

国家畜禽遗传资源委员会办公室在总结以往畜禽遗传资源调查的基础上，组织有关专家认真调研，广泛征求意见，设计了《畜禽遗传资源调查技术规范》《图示》《调查提纲》和《现场调查表》。经专家论证，认为“内容全面，技术可行”。2004年下半年，选择了辽宁、福建、广东和广西四个省（自治区）开展了畜禽遗传资源调查的试点工作，对技术规范、调查提纲和调查表进行了实际检验。普遍反映科学性强、时代特色突出，使用方便，实用性强。2005年3月、10月分别组织召开了专门座谈会、培训班，对上述内容进行了全面修订，结集形成本书，为在全国范围内开展畜禽遗传资源调查工作做准备。

在本书的编写过程中，得到了国家畜禽品种审定委员会各专业委员会专家，畜禽遗传资源调查试点地区畜牧主管部门、推广机构领导和工作人员的大力支持与帮助，在此一并表示感谢。由于编者水平有限，书中出现纰漏在所难免，欢迎读者提出宝贵意见。

目　录

MULU

个体调查技术规范

1．对每个品种体型外貌特征的描述，应选择成年畜禽　为准确表达，须考虑被测畜禽的体况，一般选择在正常饲养管理水平条件下的个体，对选择测量的畜禽个体，一定要牵引至平坦地面处，人工辅助站稳（家禽、兔和蜜蜂除外）。测量者须站在被测家畜左侧1.5～2.0m距离处。第一步对家畜头部、角形、颈部、肩部、背部、腰部、臀部至尾部进行观察；第二步观察四肢站立及蹄是否端正；第三步转到被测家畜的正前方观察前胸发育及前肢站立姿式；第四步转到后方观察躯臀部发育及两后肢的丰满度与站立姿式。公畜还要检查睾丸的发育，母畜应检查乳房及乳头发育，有无副乳头等。

2．每个品种的测定数量，依不同品种，差异很大。提出以下意见供参考

（1）在品种的中心产区随机选择调查点，一般每个品种不少于5个调查测定点。调查点要有代表性，调查点之间保持一定距离。

（2）每个品种的测定数量，从生物统计考虑，提出以下测定数：

大家畜牛、马等：成年公畜10头（匹）以上，成年母畜50头（匹）以上；

绵、山羊：成年公畜20只以上，成年母畜80只以上；

猪：成年公猪20头以上，成年繁殖母猪50头以上；

家禽（鸡、鸭、鹅）：成年公禽30只以上，成年母禽30只以上；

兔：成年公兔30只，成年母兔100只。

3．测量畜禽体尺时，可使用测杖或皮尺

4．体重的估算　考虑到在现场调查中对被测畜禽（特别是牛、马、猪）品种个体称测体重的困难，可按以下计算公式进行估算。成年家畜体重估算公式：

（1）普通牛体重

普通牛体重（kg）＝胸围^2（cm^2）× 体斜长（cm）÷10 800

（2）水牛体重

水牛体重（kg）＝胸围^2（m^2）×体斜长（m）×90

（3）牦牛体重

牦牛体重（kg）＝胸围^2（m^2）×体斜长（m）×70

（4）驴体重

驴体重（kg）＝胸围^2（cm^2）×体斜长（cm）÷10800

（5）马体重

马体重（kg）＝胸围^2（cm^2）×体斜长（cm）÷10800

5. 屠宰测定时，应选择正常饲养条件下去势公畜，或成年公、母各半 就不同品种而言，屠宰（或上市）年龄差异很大，提出如下意见供参考：大家畜（牛）18～24月龄，数量5头；羊12月龄，公母各15只；猪160～180日龄，数量20头；成年家禽（含鸡、鸭、鹅）各30只。

6. 体内寄生虫病结合屠宰进行调查

为了方便起见，每个品种现场调查时，按畜种设计了现场个体调查登记表，调查时逐项填入表内。

牛遗传资源调查提纲

一、一般情况

1．品种名称　畜牧学名称、原名、俗名等。

2．经济类型　乳用、役用、肉用或兼用。

3．中心产区及分布

4．产区自然生态条件

（1）地貌与海拔。

（2）气候条件　气温（年最高、最低与平均），无霜期（起讫日期），降水量（雨、雪及分布），全年干燥指数，夏季干燥指数[1]，风力，沙尘暴，气候类型[2]。

（3）水源及土质。

（4）土地利用情况　耕地、草场和森林面积。

（5）耕作制度和作物种类。

（6）品种对当地自然生态条件的适应性和疾病情况。

（7）产品（肉、皮、毛、绒、乳等）和役力的利用与销售情况。

1　干燥指数＝一定期间总降水量（mm）／同期间平均气温（℃）＋10

全年干燥指数20以上为湿润地区；20～10为干燥、干旱地区；10以下为沙漠化地区。

2　气候类型：区域气候因子的综合特征，如：广西柳江—东兰一线南北分属南亚热带湿润季风区、北亚热带湿润季风区。辽宁省南部属暖温带湿润半湿润季风气候区。

二、品种来源与变化

1. 品种来源　品种（包括固有、引进驯化及近代育成）形成历史。

2. 群体数量规模和基本结构（以调查年度的上一年年底数为准）

（1）总头数。

（2）成年种公牛和繁殖母牛在全群中占的比例。

（3）（种用）公母比例　本交、人工授精、冻精授精占全品种的比例；各种方式的公母比例；全品种公母比例概估。

（4）用于纯种（本品种）繁殖母牛的比例。

3. 近15～20年种群消长形势

（1）数量规模变化。

（2）品质变化大观。

（3）濒危程度　见附录2。

三、体型外貌

1. 毛色、肤色、蹄角色

（1）基础毛色　黑、灰、深红、紫、深黄、浅黄褐、草白、白、金等。

（2）白斑图案类别　白带、白头、白背、全色、白花等。

（3）是否黧毛。

（4）有无晕毛。

（5）有无季节性黑斑点。

（6）有无局部（肋部、大腿内侧、腹下、口围等处）淡化。

（7）是否沙毛。

（8）有无“白胸月”（“冲浪带”）。

（9）有无“白袜子”。

（10）鼻镜、眼睑、乳房颜色　粉、褐、黑。

（11）蹄角色 蜡色、黑褐色、黑褐条斑。

2．被毛形态

（1）长短 贴身短毛、长毛、长覆毛有底绒。

（2）有无额部长毛。

（3）有无局部（多在前额、颈侧、胸侧）卷毛。

3．整体结构 宽长矮（“抓地虎”）、高短窄（“高脚黄”）、中度。

4．头部特征与类型

（1）头形 短宽（额广、鼻梁短）、长窄（额窄、两眼内角连线以下的鼻梁部长）。

（2）耳形 平伸或半下垂，耳壳厚薄，耳端尖钝。

（3）角的有无及形状 无角、铃铃角、龙门角、大圆环、小圆环等。

（4）眼睑颜色。

5．前躯特征

（1）肩峰 大、小、无。

（2）颈垂、胸垂 大、小、无。

6．中后躯特征

（1）脐垂有无及大小 大、小、无。

（2）尻形 短斜、长圆。

（3）尾形 长短及尾帚大小。

（4）尾梢颜色。

四、体尺和体重

1．成年公牛、母牛体尺及体重

（1）体高 鬐甲最高点到地平面的垂直距离（cm）。

（2）体斜长 肩端到臀端的直线距离（cm）。

（3）胸围 肩胛后缘躯干的垂直周径（cm）。

（4）管围 左前管（腕前骨）上1/3下端（最细处）周长。

（5）体重 公牛：(kg)，母牛：(kg)。

2. 体态结构

（1）体长指数

体长指数＝体长／体高 ×100%

（2）胸围指数

胸围指数＝胸围／体高 ×100%

（3）管围指数

管围指数＝管围／体高 ×100%

五、生产性能

1. 产肉性能

（1）屠宰重　成年或18月龄公、母、阉牛宰前空腹活重。

（2）胴体重　屠宰、放血、剥皮以后截去腕关节以下的前肢、飞节以下的后肢、头、毛、内脏（不包括板油和肾脏），剩余部分（即胴体）的重量。该指标有两种度量方法：

A．温胴体重。

B．冷冻胴体重：冷冻24h后的重量。

（3）屠宰率　胴体重占屠宰重的百分率，也有对应于胴体重的两种度量标准。

（4）净肉重和净肉率　胴体沿脊柱中央，通过胸骨、耻骨缝纵剖为左右两片。从肉片中剔掉骨骼、内面的块状脂肪、韧带和乳房后的重量即净肉重。

净肉率有两种度量标准：即净肉重／屠宰重，或净肉重／胴体重。

（5）皮厚　以卡尺在背部测量两层皮的总厚度，再除以2。

（6）肌肉厚　分别在第3～4腰椎上方与后臀与小腿截断面最厚处量取（分别为腰部肌肉厚和大腿肌肉厚）。

（7）脂肪厚度

A.背部脂肪厚度：第5～6胸椎间距离中线3cm的脂肪厚度（cm）。

B.腰部脂肪厚度：十字部中线两侧肠骨角外侧的脂肪厚

度（cm）。

（8）骨肉比

$$骨肉比=净肉重/骨骼重$$

（9）眼肌面积　第12根肋骨后缘用硫酸纸描绘眼肌面积（两次），用求积仪或方格计算纸求出眼肌面积（cm^2）。或用下列公式：

$$眼肌面积（cm^2）=眼肌高度\times眼肌宽度\times0.70$$

（10）肌肉主要化学成分　水分、干物质、蛋白质、脂肪、灰分及热量。

2. 乳用性能

（1）泌乳天数。

（2）产乳量　305d产乳量或泌乳期产乳量（注明天数）。

（3）乳的成分　水分、乳脂率、干物质、蛋白质、乳糖、灰分比例。

3. 毛绒产量和品质

（1）年抓绒毛量。

（2）绒毛比。

（3）毛纤维伸直长度与强伸度。

（4）绒纤维伸直长度与强伸度。

4. 役用性能

（1）特定土壤条件下日耕耙工作量。

（2）特定路况下挽曳工作量（载重、里程）。

（3）驮载、骑乘劳役一般速力。

六、繁殖性能

1. 性成熟年龄　公、母（月龄）。

2. 初配年龄　公、母（月龄）。

3. 繁殖季节

4. 发情周期

5. 妊娠期

6. 犊牛初生重　公、母（kg）。

7. 犊牛断奶重　公、母（kg）。

8. 哺乳期日增重　公、母（kg）。

9. 犊牛成活数（断奶后）

10. 犊牛成活率

成活率＝断奶时成活犊牛数／出生犊牛数 ×100%

11. 犊牛死亡率

死亡率＝断奶时死亡犊牛数／出生犊牛数 ×100%

七、饲养管理情况（成年与犊牛分别叙述）

1. 饲养方式

（1）圈养（一年之内在何季节）。

（2）季节性放牧。

（3）全年放牧。

2. 舍饲与补饲情况

（1）精料。

（2）精料＋秸秆。

（3）精料＋秸秆＋青贮。

3. 管理难易　有无难产情况、原因。

八、品种保护与研究利用

（1）是否进行过生化或分子遗传测定（何单位何年度测定的）。

（2）是否提出过保种和利用计划（在何场保种）。

（3）是否建立了品种登记制度（何年开始，由何单位负责）。

九、对品种的评估

该品种主要遗传特点和优缺点，可供研究、开发和利用的主要方向。

十、影像资料

拍摄能反映品种特征的公、母个体照片，能反映所处生态环境的群体照片，见附录1。

十一、附录

附有关本品种历年来的试验和测定报告。如果材料较多，列出正式发表的文章名录及摘要。

牛遗传资源调查个体登记表

日期： 年 月 日； 地点： 省 县 乡（镇） 村
编号：______ 畜主______ 品种______ 性别______ 年龄______

毛色、肤色、蹄角色

基础色：黑 灰 紫 红 深黄褐 浅黄褐 草白 白 金 其他（ ）
白斑：白带 白头 白背（腹）全色 白花 白胸月
黧毛：是 否； **沙毛**：是 否； **季节性黑斑**：有 无
晕毛：是 否； **肋等局部淡化**：是 否
鼻镜眼睑乳房色：粉 有色斑 黑褐
角色：蜡 黑褐纹 黑褐
蹄色：蜡 黑褐条斑 黑褐

形态特征

肩峰：大 小 无； **颈胸垂**：大 小 无； **脐垂**：大 小 无
被毛长短：短 长 长覆毛有底绒
前额垂毛：多 少 无； **局部卷毛**：有 无
整体结构：宽长矮 高短窄 中度； **头型**：短宽 长窄
耳型：平伸 半下垂； **耳壳**：厚 薄； **耳端**：圆 尖
角的有无：有 无 双对； **角形**：铃铃角 龙门 倒八字 竖 大圆环 小圆环 其他（ ）
尻形：短 长 斜 圆
尾长：后管下段 后管 飞节； **尾帚**：小 大

体尺体重

体高______（cm） **体长**______（cm） **胸围**______（cm）
管围______（cm） **体重**______（kg）

备注

牛毛色特征图示

近牛：深黄褐、白带；
远牛：黑、白带

黑、白背，尾长及飞节、大尾帚

深黄褐色、白头

黑、白背，尾长及后管下段

灰、白头，长覆毛（有底绒），尾长及后管，大尾帚

红、全色

黑、全色

黑、白花，尾长及后管下段、大尾帚

红、全色，角色黑褐，角形“小圆环”

黑、白花，角色黑褐

黑、全色，角色黑褐，角形“大圆环”

浅黄褐色、氂毛

浅黄褐色、鬣毛、“倒八字”角

深黄褐色、晕毛、鼻镜粉色

深黄褐色、鬣毛、耳端尖

浅黄褐色、局部淡化、鼻镜黑褐色

深黄褐色、有季节性黑斑

深黄褐色、晕毛、鼻镜黑色

灰、白胸月，白袜子

红、全色，大肩峰、小胸垂

黑、白花

白、晕毛、大肩峰、大胸垂、大脐垂、耳型半下垂、耳壳薄、耳端尖

红、白背，黧毛

红、白花，小肩峰、小胸垂、大脐垂、耳型半下垂、耳端尖

牦牛遗传资源调查提纲

一、一般情况

1．品种名称

2．经济类型
肉用、兼用。

3．中心产区及分布

4．产区自然生态条件

（1）地貌与海拔。

（2）气候条件　气温，无霜期，降水量，气候类型。

（3）水源及土质。

（4）草地类型及利用情况。

（5）产品（肉、乳、毛、绒、皮等）和役力的利用与销售情况。

二、品种来源与变化

1．品种来源

2．群体数量规模和基本结构

（1）总头数。

（2）畜群结构及出栏率　成年种公牦牛和繁殖母牦牛在全群中占的比例，年平均出栏率。

3．近15～20年种群消长形势

（1）数量规模变化。

（2）品质变化总览。

（3）濒危程度　见附录2。

三、体型外貌

对每个品种体型外貌特征的描述，应选择成年牦牛，为准确表达，须考虑被测定牦牛的体况，一般选择在正常饲养管理水平条件下的个体，对牦牛体型外貌进行观察；公牦牛还要检查睾丸发育情况，母牦牛要检查乳房、乳头发育情况。

1. 毛色、肤色、蹄角色

（1）基础毛色　黑、白、灰、深黄、浅黄褐、青、金等。

（2）白斑图案类别　白带、白头、白尾、白背、全白色、白花等。

（3）有无季节性黑斑点。

（4）鼻镜、眼睑颜色　褐色、黑色。

（5）蹄角色　蜡色、黑褐色。

2. 被毛形态

（1）长短　贴身短毛、长毛、长覆毛有底绒。

（2）额部长毛　无、及双眼连线、过双眼连线。

（3）有无腿部长毛。

（4）有无局部（多在前额、颈侧、胸侧）卷毛。

3. 整体结构　宽长矮、高短窄、中度。

4. 头部特征与类型

（1）头形　短宽（额广、鼻梁短）、长窄（额窄、两眼内角连线以下的鼻梁部长）。

（2）耳形　平伸或半下垂，耳壳厚薄，耳端尖钝。

（3）角的有无及形状　无角、龙门角、大圆环、小圆环等。

（4）眼睑颜色。

5. 前躯特征

（1）肩峰　大、小、无。

（2）颈垂、胸垂　大、小、无。

6. 中后躯特征

（1）脐垂　大、小、无。

（2）尻形　短斜、长圆。

（3）尾形　长短及尾帚大小。

四、体尺和体重（参考《牦牛生产性能测定技术规范》NY/T 2766—2015）

1．成年公牦牛、母牦牛体尺及体重

2．体态结构

（1）体长指数

体长指数＝体长／体高×100%

（2）胸围指数

胸围指数＝胸围／体高×100%

（3）管围指数

管围指数＝管围／体高×100%

五、生产性能（参考《牦牛生产性能测定技术规范》NY/T 2766—2015）

1．肉用性能

（1）屠宰率。

（2）净肉重和净肉率。

（3）骨肉比。

（4）眼肌面积。

2．乳用性能

（1）泌乳天数。

（2）挤乳量。

（3）乳成分。

3．毛绒产量

（1）年剪毛量。

（2）绒毛比。

六、繁殖性能

1．性成熟年龄和初配年龄

2. 繁殖季节
3. 发情周期
4. 妊娠期
5. 犊牛初生重
6. 犊牛成活率

七、饲养管理情况

饲养管理方式及补饲育肥期饲料供给情况。

八、品种保护和研究利用

(1) 是否建立了品种登记制度（何年开始，何单位负责）。
(2) 是否建有保种场，是否提出过保种和利用计划。
(3) 是否进行过生化或分子遗传测定（何单位何年度测定的）。

九、对品种的评估

该品种主要遗传特点和优缺点，可供研究、开发和利用的主要方向。

十、影像资料

拍摄能反映品种特征的成年公、母牦牛个体照片，能反映所处生态环境的群体照片，见附录1。

十一、附录

附有关本品种历年来的试验和测定报告。如果材料较多，列出正式发表的文章名录及摘要。

牦牛遗传资源概况表（一）

编号：__________日期：______年______月_______日
地点：____省（自治区）____县（区、市）____乡（镇）____村
联系人：____________________联系方式：__________

<table>
<tr><th>项　目</th><th colspan="4">内　容</th></tr>
<tr><td rowspan="4">品种情况</td><td>品种名称</td><td></td><td>总头数</td><td></td></tr>
<tr><td>品种类型</td><td></td><td>主产地</td><td></td></tr>
<tr><td>中心产区</td><td colspan="3"></td></tr>
<tr><td>分布</td><td colspan="3"></td></tr>
<tr><td rowspan="2">成年母牛</td><td>头数</td><td></td><td colspan="2">能繁母牛数</td></tr>
<tr><td>本交数</td><td></td><td colspan="2"></td></tr>
<tr><td>成年公牛</td><td>头数</td><td></td><td>配种公牛数</td><td></td></tr>
<tr><td>育成牛</td><td>公</td><td></td><td>母</td><td></td></tr>
<tr><td>哺乳牛犊数</td><td>公</td><td></td><td>母</td><td></td></tr>
<tr><td>基础群占
全群比例</td><td>公</td><td></td><td>母</td><td></td></tr>
<tr><td rowspan="5">产区自然
生态条件</td><td>地貌与海拔</td><td></td><td>年降水量</td><td></td></tr>
<tr><td>气候类型</td><td></td><td>无霜期</td><td></td></tr>
<tr><td>水源土质</td><td colspan="3"></td></tr>
<tr><td rowspan="2">气温</td><td>年最高</td><td>年最低</td><td>年平均</td></tr>
<tr><td></td><td></td><td></td></tr>
<tr><td>开发利用情况</td><td colspan="4"></td></tr>
</table>

记录人：　　　　　　　　电话：　　　　　　　　E-mail：

牦牛遗传资源概况表（二）

编号：______________日期：________年________月____________日

地点：____省（自治区）_____县（区、市）_____乡（镇）______村

联系人：____________________________联系方式：______________

品种评价	该品种的遗传特点，优异特征，可供研究、开发和利用的主要方向	
分子生物学测定	是否进行过生化或分子遗传测定（测定单位、测定时间）	
消长形势	近15～20年数量规模变化，品质变化	
遗传资源保护状况	是否提出过保种和利用计划（保种场）	
	是否建立了品种登记制度（开始时间、负责单位）	
濒危程度		
饲养管理情况	全年放牧	
	季节性补饲	
	补饲情况	
	管理难易	
疫病情况	流行性传染病调查	
	寄生虫病调查	

记录人：　　　　　　　　　　电话：　　　　　　　　　　E-mail：

牦牛遗传资源个体外貌登记表

编号：______________日期：________年________月________日

地点：____省（自治区）____县（区、市）_____乡（镇）_______村

联系人：____________________________联系方式：______________

品种名称		性别	
个体号		年龄	
形态特征（对应特征后打✓）	整体结构：		
	头 型：短宽 长窄		
	耳 型：平伸 半下垂		
	耳 壳：厚 薄		
	耳 端：钝 尖		
	肩 峰：大 小 无		
	尻 形：大 小 无		
	尾 帚：小 大 尾 长：后管下端 后管 飞节		
毛色 肤色 蹄、角色（对应特征后打✓）	基 础 色：黑 白 青 金 深黄褐 其他		
	白 斑：白带 白头 全色 白花 白背（腹） 白胸月		
	鼻 镜 色：粉 色斑 黑褐		
	局部淡化：是 否		
	角 色：蜡色 黑色 黑褐		
	蹄 色：蜡色 黑褐 黑褐条斑		
被毛形态及分布（对应特征后打✓）	长 短：贴身短毛 长毛 长覆毛有底绒		
	额部长毛：有 无		
	腿部长毛：有 无		
	裙毛尾毛：有 无 部位		
整体结构与分布			
睾丸发育情况			
母牛乳房发育情况			

记录人： 电话： E-mail：

牦牛遗传资源生产性能登记表

编号：______________日期：_________年_________月_________日

地点：______省（自治区）______县（区、市）______乡（镇）______村

联系人：______________________________联系方式：______________

品种名称		个体号		性别		月龄			
体尺、体重									
体高(cm)		体斜长(cm)		胸围(cm)		管围(cm)		体重(kg)	
生长肥育性能									
初测日期		终测日期		日增重(kg)		料重比(%)			
初始重(kg)		末体重(kg)							
屠宰性能及肉品质									
屠宰月龄(月)		宰前重(kg)		胴体重(kg)		屠宰率(%)			
净肉重(kg)		骨肉比		眼肌面积(cm^2)		肋骨对数			
肉色		pH		大理石纹					
失水率(%)		熟肉率(%)		肌肉脂肪					
乳用性能									
日挤乳量(kg)		泌乳期天数(d)		干物质(%)					
月挤乳量(kg)		乳脂率(%)		乳蛋白率(%)					
繁殖性能									
性成熟年龄(月)		初配年龄(月)		利用年限(a)		哺乳期日增重(kg)			
初生重(kg)		妊娠期(d)		发育周期(d)		犊牛断奶成活率(%)			
断奶重(kg)		产犊数(头)		发情季节		犊牛死亡率(%)			
配种方式		总受胎率		产犊率		阴囊围(cm)			
产毛性能									
剪毛时间		产毛量(kg)		产绒量(kg)		尾毛产量(kg)			

记录人： 电话： E-mail：

绵、山羊遗传资源调查提纲

一、一般情况

1．品种名称　畜牧学名称、原名、俗名等。

2．经济类型

3．中心产区及分布

4．产区自然生态条件

（1）地势、海拔（最高、最低、平均）。

（2）气候条件　气温（年最高、最低及平均），湿度，无霜期（起止日期），降水量（降雨和降雪），雨季，风力等。

（3）水源和土质。

（4）土地利用情况，粮食作物、饲料作物及草地面积。

（5）农作物、饲料作物种类及生产情况。

（6）适应性及抗病性。

（7）产品（肉、毛、绒、乳、皮等）销售情况。

二、品种来源与变化

1．品种来源　包括形成历史、流向。

2．群体数量与规模　填报调查年度上一年年底数。

（1）母羊数量　其中能繁母羊数。

（2）公羊数量　其中用于配种的成年公羊数。

（3）育成羊及哺乳羔羊公、母数。

（4）基础公、母畜占全群比例。

3．近15～20年种群消长形势

（1）数量规模变化。

（2）品质变化大观。

（3）濒危程度　见附录2。

三、体型外貌

1．被毛颜色、长短及肤色

2．外貌描述

（1）体型特征　体质，结构，体格。

（2）头部特征　头大小及形状，额是否宽平，角大小、形状、颜色，鼻梁是否隆起，耳形特征等。

（3）颈部特征　形状，粗细，长短，皱褶，有无肉垂。

（4）躯干特征　胸部是否宽深，肋是否开张，背腰是否平直，尻部形状等。

（5）四肢特征　四肢粗细、长短，蹄质类型。

（6）尾部特征　形状、大小、长短。

（7）骨骼及肌肉发育情况　骨骼是否粗壮结实，肌肉发育丰满、欠丰满还是适中。

四、体尺和体重

1．成年公羊体尺及体重

（1）体高　鬐甲最高点到地平面的距离（cm）。

（2）体斜长　肩胛骨前缘到臀端的直线距离（cm）。

（3）胸围　在肩胛骨后缘做垂直线绕一周所量的胸部围长度（cm）。

（4）尾长　脂尾羊从第一尾椎前缘到尾端的距离（山羊除外）（cm）。

（5）尾宽　尾幅最宽部位的直线距离（cm）。

（6）体重　（kg）。

2．成年母羊体尺及体重（同公羊）

五、生产性能

1．产毛（绒）性能

（1）公、母羊产毛（绒）量（g）及被毛（绒）厚度（cm），纤维自然长度（cm）、细度（μm），纤维强度（g）、伸度（%）、伸直长度（cm）。

（2）公、母羊净毛（绒）率。

2．产肉性能

（1）12月龄公、母羊宰前空腹体重（kg）。

（2）12月龄公、母羊胴体重（kg）。

（3）屠宰率

屠宰率＝（胴体重＋内脏脂肪）／宰前空腹活重 ×100%

（4）净肉率

净肉率＝净肉重／宰前空腹活重 ×100%

（5）肌肉厚度

大腿肌肉厚度：大腿体侧至股骨体中点的垂直距离。

腰部肌肉厚度：第三腰椎体表至横突的垂直距离。

（6）肉骨比

肉骨比＝净肉重／全部骨骼重

（7）眼肌面积　第12根肋骨后缘处将脊椎锯开，利刀切开12～13肋骨间，于12肋骨后缘用硫酸纸描绘眼肌面积（两次），用求积仪或方格计算纸求出眼肌面积（cm^2），或用下列公式计算：

眼肌面积（cm^2）＝眼肌高度 × 眼肌宽度 ×0.70

（8）肌肉主要化学成分　水分、干物质、蛋白质、脂肪、灰分及热量。

3．产乳性能

（1）产乳量（240d）。

（2）乳的成分　水分、乳脂率、干物质、蛋白质、乳糖。

六、繁殖性能

1. 性成熟年龄
2. 公、母羊初配年龄，一般利用年限
3. 配种方式　人工授精或本交，一个配种季节每只公羊配母羊数。
4. 发情季节
5. 发情周期
6. 怀孕期
7. 产羔率
8. 羔羊初生重　公、母（kg）。
9. 羔羊断奶体重　公、母（kg），断奶日龄。
10. 哺乳期日增重　公、母（g）。
11. 羔羊成活数（断奶后）
12. 羔羊成活率

成活率＝断奶时成活羔羊数／出生仔羔羊数 ×100%

13. 羔羊死亡率

死亡率＝断奶时死亡羔羊数／出生羔羊数 ×100%

14. 公畜是否用于人工授精
15. 公畜精液品质　排精量、密度、活力。
16. 精液是否进行冷冻，受胎效果

七、饲养管理

1. 方式（成年与羔羊分别描述）

（1）圈养（一年之内在任何季节）。

（2）季节性放牧。

（3）全年放牧。

2. 舍饲期补饲情况

（1）精料。

（2）精料+秸秆。

（3）精料+秸秆+青贮。

（4）精料+青草+干草。

3. 是否温驯，是否易管理

八、品种保护和研究利用

（1）是否进行过生化或分子遗传测定（何单位何年度测定的）。

（2）是否建有保种场，是否提出过保种和利用计划。

（3）是否建立了品种登记制度（何年开始，何单位负责）。

九、对品种的评估

该品种主要遗传特点和优缺点，可供研究、开发和利用的主要方向。

十、影像资料

拍摄能反映品种特征的公、母个体照片，能反映所处生态环境的群体照片，见附录1。

十一、附录

附有关本品种历年来的试验和测定报告。如果材料较多，列出正式发表的文章名录及摘要。

绵、山羊遗传资源调查个体登记表

日期： 年 月 日； 地点： 省 县 乡（镇） 村

编号：______ 畜主______ 品种______ 性别______ 年龄______

毛色、肤色

被毛颜色：全白 全黑 全褐 头黑 头褐 体花 其他（ ）

肤色：白 黑 粉 红 其他（ ）

形态特征

头型：大 小 适中 额宽 额平

耳型：大 小 直立 下垂

角形及大小：粗壮 纤细 螺旋形 倒八字 姜角 小角

颈部：粗 细 长 短 有无肉垂 有无皱纹

鼻部：隆起 平直 凹陷

体躯：方形 长方形 肋拱起 肋狭窄 背直 背平 背凹 尻斜

四肢：粗 细 腿高 腿矮

蹄质：白色 黑色 黄色 坚硬

尾形：锥形 短脂尾 长脂尾 瘦长尾 脂臀尾 无尾

乳头：大 小 长 短 大小是否均匀 有无副乳头

体尺、体重

体重______(kg) **体高**______(cm) **体长**______(cm)

胸围______(cm) **胸宽**______(cm) **胸深**______(cm)

尾宽______(cm) **尾长**______(cm)

产毛（绒）性能

产毛量______(kg) **产绒量**______(kg)

毛长度_____(cm) **毛厚度**_____(cm) **毛细度**_____(μm)
绒毛长度___(cm) **绒毛厚度**____(cm) **绒毛细度**____(μm)

繁殖性能

产羔数
备注

绵、山羊资源特征图示

一、角部特征

绵羊：螺旋形角、小角（姜角）、无角。

小角（姜角）

螺旋形角

无　角

山羊：弓形角、镰刀形角、对旋角、直立角、无角。

弓形角

镰刀形角

对旋角

直立角

二、尾部特征

绵羊：分5个尾型，即长瘦尾、短瘦尾、长脂尾、短脂尾、肥臀。

长瘦尾

短瘦尾

长脂尾

短脂尾

肥　臀

山羊：均为短瘦尾。

猪遗传资源调查提纲

一、一般情况

1．品种名称　包括畜牧学名称、原名、俗名等。

2．中心产区及分布

3．产区自然生态条件

（1）产区经纬度、地势、海拔。

（2）气候条件　气温（年最高、最低、平均），湿度，无霜期（起止日期），日照，降水量（降雨和降雪），雨季，风力等。

（3）水源及土质。

（4）农作物、饲料作物种类及生产情况。

（5）土地利用情况、耕地及草场面积。

（6）品种的适应性、传染病易感程度。

（7）产品（苗猪，腌、腊制品）加工、销售情况。

二、品种来源与变化

1．品种来源　包括形成历史、流动情况。

2．群体规模　以调查年度上一年年底数为准。

（1）分别统计公、母猪数量，利用年限。

（2）历史上数量增减变化情况。

（3）外来品种公猪与本地母猪的杂交情况，占母猪总数的比例。

（4）说明保护区和保种场数量。

3. 近15～20年种群消长形势

（1）数量规模变化。

（2）品质变化大观。

（3）濒危程度　见附录2。

三、体型外貌

1. 被毛颜色、鬃毛及肤色

2. 外貌描述

（1）体型特征　体型大小、体质、结构。

（2）毛色特征　是否有多种毛色，如有，说明比例。

（3）头部特征　头大小及形状，额部皱纹特征，嘴筒长短，耳型、大小、是否下垂。

（4）躯干特征　长短，背腰是否平直，腹部是否下垂，臀部是否丰满，乳头对数及特征。

（5）四肢特征　粗细及其他特征。

（6）尾长（cm）及描述。

（7）肋骨对数。

（8）其他特殊性状（如獠牙等）。

四、体尺和体重

1. 成年公猪体尺及体重

（1）体高　鬐甲最高点到地平面的垂直距离（cm）。

（2）体长　两耳根连线中点沿背线至尾根处的长度（cm）。

（3）胸围　在肩胛骨后缘作垂直线绕体躯一周所量的胸部围长度（cm）。

（4）体重　公（kg）（24月龄以上）。

2. 成年母猪（三胎或以上）体尺及体重　同公猪（在怀孕2个月左右称重）。

五、生产性能

1. 育肥猪宰前体重（kg） 屠宰日龄按当地习惯并注明。

2. 胴体重（kg） 屠宰日龄按当地习惯并注明。

胴体重：屠宰放血后，去掉头、蹄、尾和内脏（除板油、肾脏外）后的两片胴体合重。

3. 屠宰率

屠宰率＝胴体重／宰前空腹体重 ×100%

4. 瘦肉率 用手工剥离半胴体，分成瘦肉、脂肪、皮、骨四部分，分别称重，再相加，作为100%；分别计算瘦肉、脂肪、皮、骨所占比例（不计算分割过程中的损耗）。

5. 背膘厚度

背膘厚度：第6～7胸椎间厚（cm）。

平均背膘厚度：

（肩部最厚处＋最后肋骨处＋腰荐结合处）/3

6. 眼肌面积 最后肋骨处背最长肌横断面面积，用硫酸纸描绘眼肌面积（两次），用求积仪或方格计算纸求出眼肌面积（cm^2），或用下列公式：

眼肌面积（cm^2）＝眼肌高度（cm）×眼肌宽度（cm）×0.7

7. 肉质性能 如肉色、pH、保水力、水分、蛋白质、肌内脂肪、大理石纹及其他指标。

8. 饲料转化比 以育肥期料肉比为指标。

9. 皮厚 第6～7肋骨处游标卡尺测定皮肤厚度（mm）。

六、繁殖性能与育肥性能

1. 公、母猪性成熟年龄（日龄）

2. 公、母猪配种年龄（日龄）

3. 发情周期（d）

4. 妊娠期（d）

5. 窝产仔数
6. 窝产活仔数
7. 一般断奶日龄
8. 初生窝重（kg）
9. 母猪的泌乳力　以仔猪出生后21d时的窝重为代表（kg）。
10. 仔猪平均初生重（g）
11. 仔猪断奶重（kg）（注明断奶日龄）
12. 肥育期日增重　公、母（g）（注明起止日龄与体重）。
13. 断奶仔猪成活数
14. 仔猪成活率

成活率 = 断奶时成活仔猪数 / 窝产活仔猪数 × 100%

七、饲养情况

说明本品种是否有特殊的饲养、繁殖方式，介绍传统的饲养方式和目前的饲养方式。

八、品种保护和研究利用

（1）是否进行过生化或分子遗传测定（何单位何年度测定的）。
（2）是否建有保种场，是否提出过保种和利用计划。
（3）是否建立了品种登记制度（何年开始，何单位负责）。

九、对品种的评估

该品种主要遗传特点和优缺点，可供研究、开发和利用的主要方向。

十、影像资料

拍摄能反映品种特征的公、母个体照片，能反映所处生态环境的群体照片，见附录1。

十一、附录

附有关本品种历年来的试验和测定报告。如果材料较多，列出正式发表的文章名录及摘要。

猪遗传资源调查个体登记表

品种名：　　　　　　地点：　　　　省　　　　县（区、市）　　　　乡（镇）　　　　村
编号：　　　　　　　月龄：　　　　　　　　　　　　　　　　　　胎次：

注：符合情况者，打对钩										
1. 毛色	黑	白		六白	红棕	黑（白脚）	火毛	两头乌	乌云盖雪	玉鼻
	其他：									
2. 头	大	中	小	额有皱纹	额无皱纹	嘴筒短	嘴筒中等	嘴筒长		
3. 耳型	大	中	小	直立	下垂	前倾				
4. 躯干	背腰平	背腰凹		腹部下垂	腹部平直	臀部斜尻	臀部丰满	尾根高	尾根低	
5. 乳头	粗	中等		细	排列整齐	排列不整齐	排列对称	丁字排列	最后一对奶头分开／合并	
6. 四肢	正常／卧系				肢势正常	肢势外展	肢势内展			
体高（cm）		体长（cm）			胸围（cm）		体重（kg）		乳头对数	
尾根	粗	细		高	低					

猪生长及屠宰性能测定记录表

品种名：　　　　地点：　　　　省　　　　县（区、市）　　　　乡（镇）　　　　村

编号	性别	日龄	宰前体重（kg）	胴体重（kg）	屠宰率（%）	瘦肉率（%）	6～7肋背部脂肪厚度（cm）	平均背膘厚度（cm）	脂率（%）	皮率（%）	骨率（%）	眼肌面积（cm^2）	皮厚（mm）	肋骨对数	肥育期日增重（g）	料肉比
1																
2																
3																
4																
5																
6																
7																
8																
9																
10																
11																
12																
13																
14																
平均值																
标准差																

记录人：　　　　联系电话：　　　　日期：　　年　　月　　日

母猪繁殖性能调查表

品种名：　　　　　　　　地点：　　省　　县（区、市）　　乡（镇）　　村

编号 畜主	性成熟 日龄	配种 日龄	发情 时间	发情 周期	妊娠期 （d）	窝产 仔数	窝产活 仔数	初生窝 重（kg）	平均初生 重（g）	平均断奶 重（kg）	断奶 日龄	断奶 成活数	泌乳力 （kg）
1													
2													
3													
4													
5													
6													
7													
8													
9													
10													
11													
12													
13													
14													
15													
平均值													
标准差													

记录人：　　　　　联系电话：　　　　　　　　日期：　　年　　月　　日

猪遗传资源调查图示

猪的毛色描述 1

黑　色

毛色为黑白花，除头、耳、背、腰、臀为黑色外，其余均为白色，黑白交界处有4～5cm的黑皮白毛的灰色带

猪的毛色描述 2

毛色为中间白，两头乌为特征。又称“两头乌”。但也有少数猪的背部有黑斑

体毛黑色，四肢末端为白色

猪的毛色描述 3

全　白

棕红色

猪的毛色描述 4

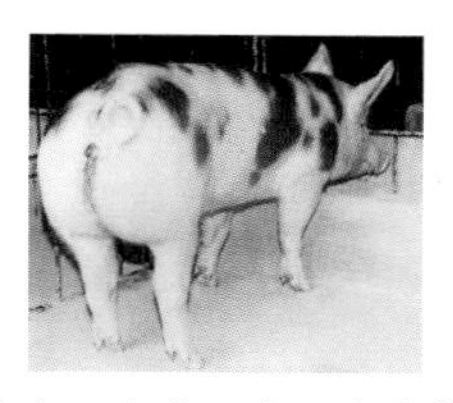

被毛灰白，夹有黑斑，杂有部分红色

被毛黑色，在肩和前肢有一条白带围绕

猪的头型描述 1

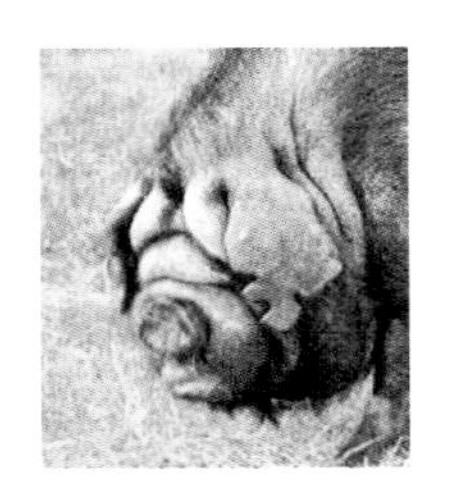

头大，额皮中部隆起成块，俗称“盖碗”

嘴筒长直

猪的耳型描述 1

耳大，下垂

耳大，下垂

猪的头型描述 2

头中等大，面微凹

头中等大，面直

猪的耳型描述 2

耳小而立

耳小，向前平伸

猪的耳型描述 3

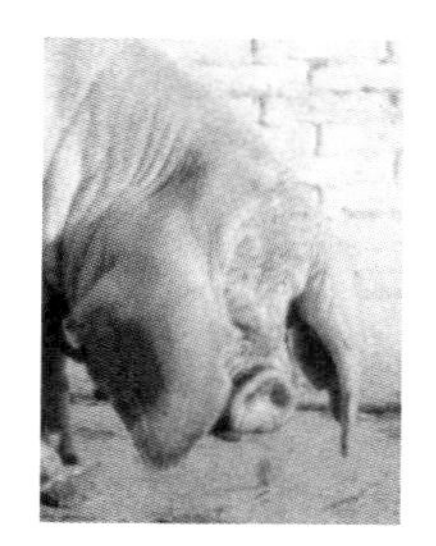

耳特大，下垂

耳小，竖立

猪的体型描述 1

腹大下垂，背平

腹大拖地，背凹

猪的耳型描述 4

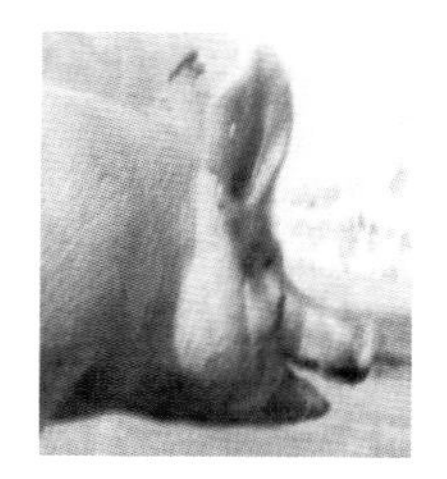

耳中等大，竖立

耳小，向前平伸

猪的体型描述 2

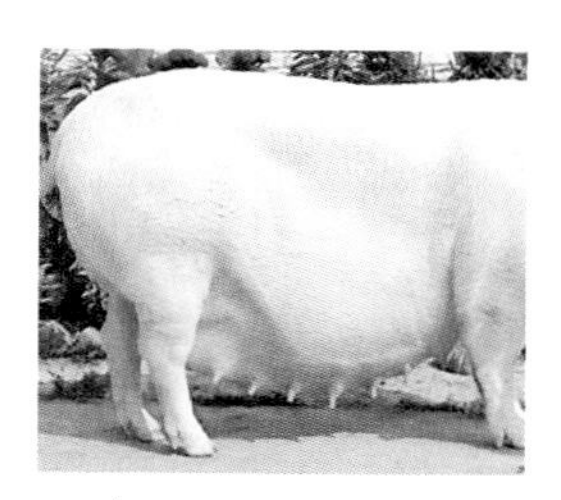

腹大下垂，不拖地

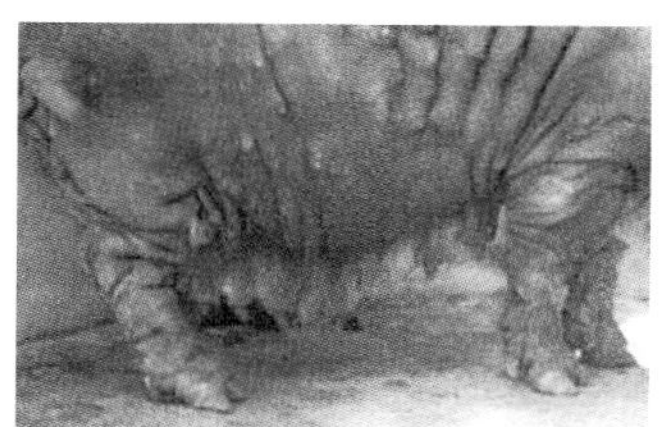

腹大下垂，不拖地

猪的奶头描述 1

奶头细，丁字排列，发育良好

奶头粗

猪的四肢描述 1

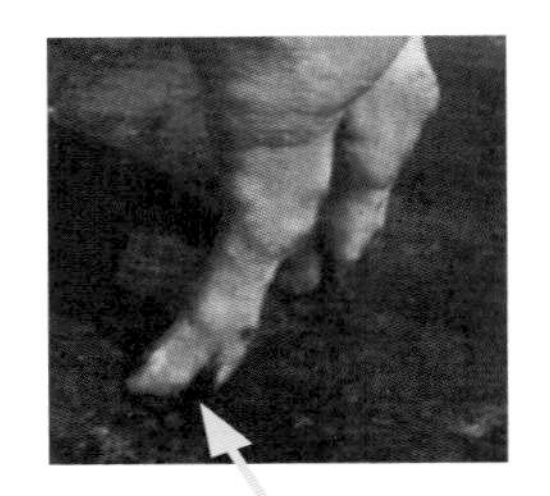

粗壮、直立

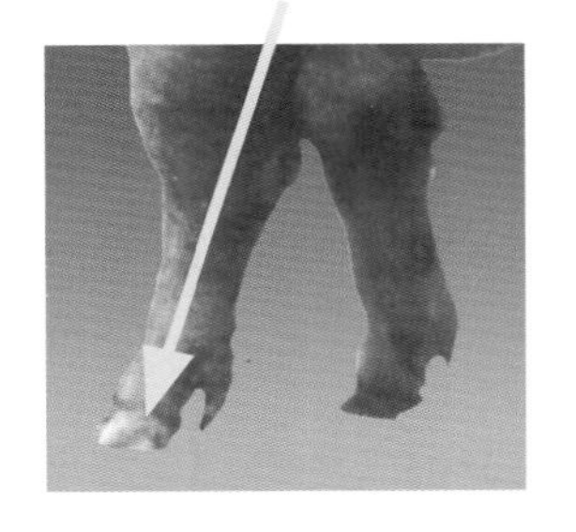

猪的奶头描述 2

奶头细，对称排列，发育良好

奶头细，对称排列，发育良好

猪的四肢描述 2

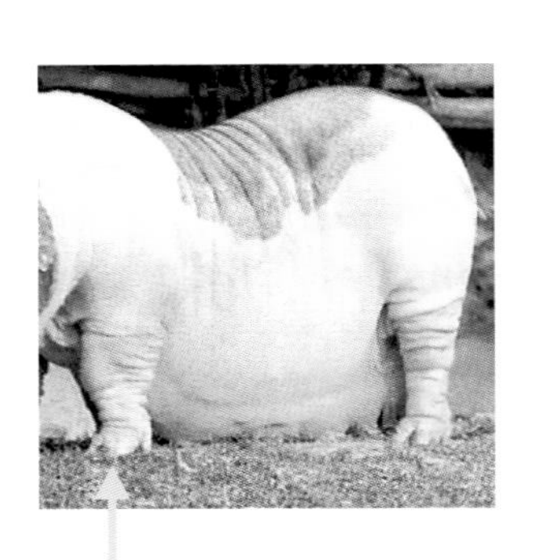

卧系

猪的四肢描述 3

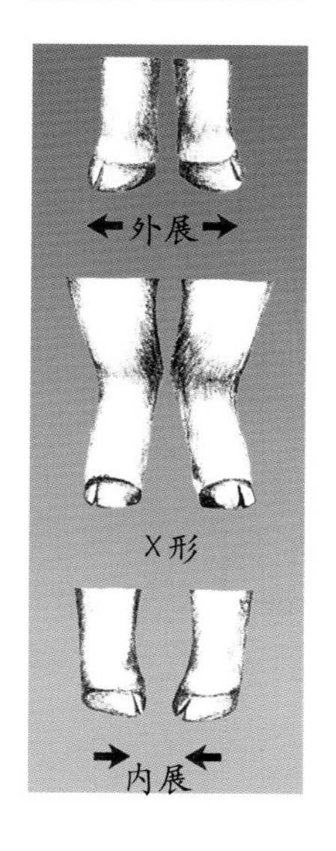

猪的宰前活重（kg）

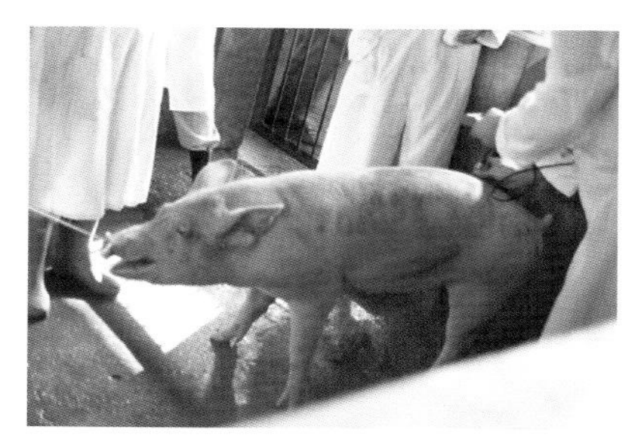

- 宰前12h停食称重
- 屠宰日龄按当地习惯并注明

猪体尺测量

- 体长：用软尺自两耳连线的额顶中点起，沿背线量至尾根的距离

- 胸围：用软尺沿肩胛骨后缘测量的胸部垂直周径
- 体高：自鬐甲至地面的垂直距离，用硬尺量取

尾长（cm）

胴体重

- 胴体重：去除头、蹄、尾、内脏、包括板油、肾的左右两半胴体总重

猪体尺测量
（不正确的姿势）

头太低

胴体测量 1

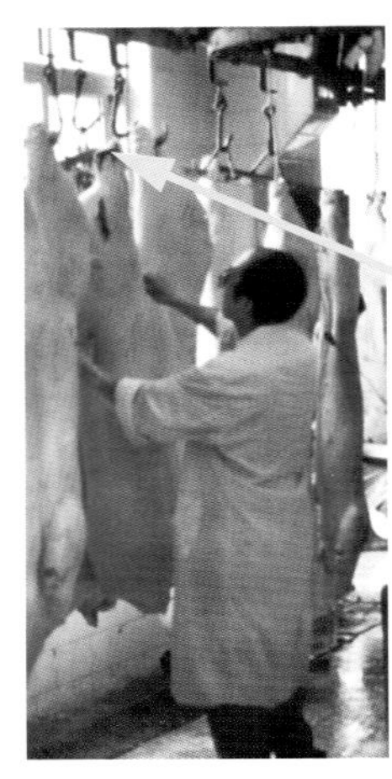

● 在吊挂时测量

● 测量项目：胴体斜长、背膘厚、平均背膘厚

瘦肉率

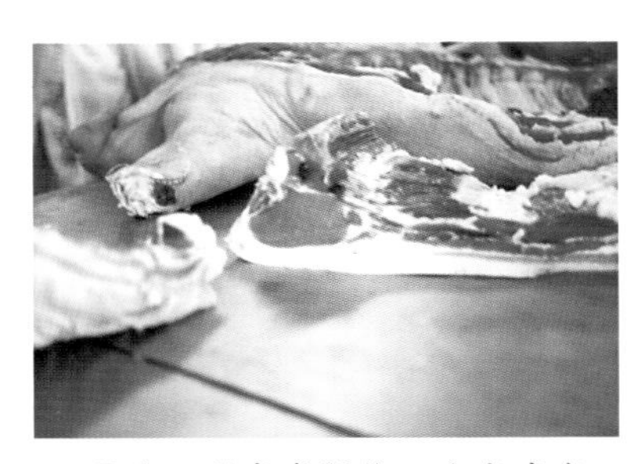

用手工剥离半胴体，分成瘦肉、脂肪、皮、骨四部分，分别称重，再相加，作为100%（不计算分割过程中的损耗，不包括板油、肾）。分别计算瘦肉、脂肪、皮、骨所占的比例

胴体测量 2

● 平均背膘厚

平均背膘厚＝（肩部最厚处＋最后肋骨处＋腰荐结合处）/3

腰荐结合处

最后肋骨处

肩部最厚处

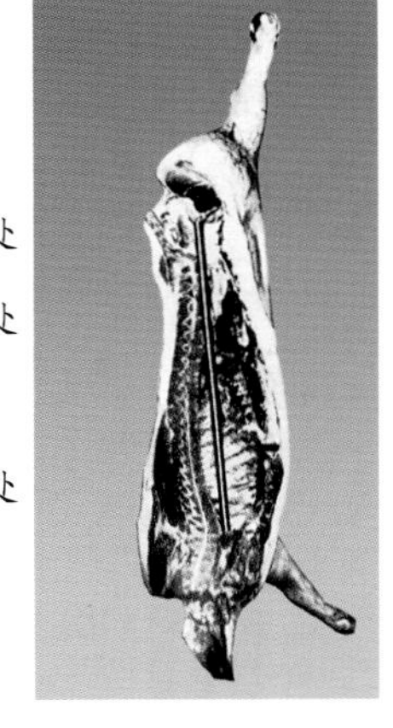

胴体测量 3

● 胴体斜长

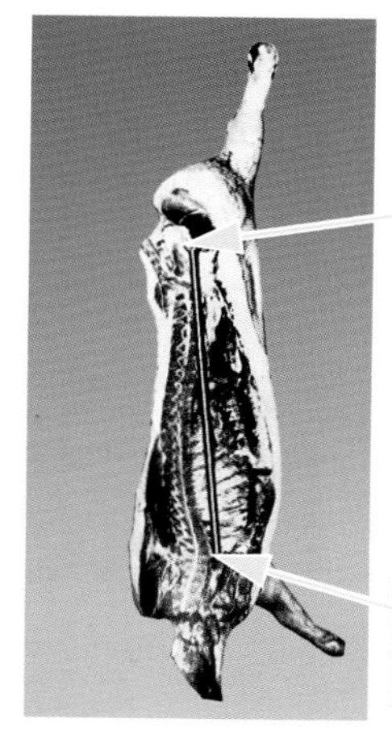

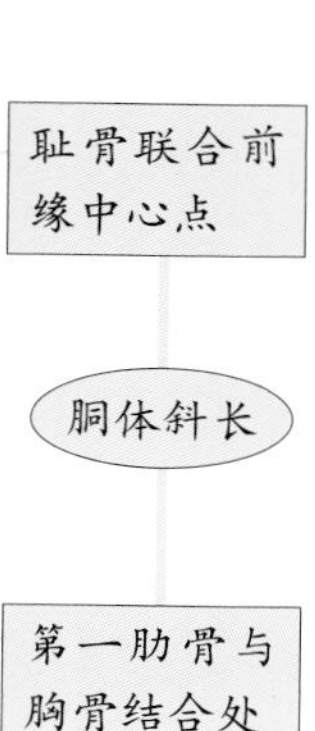

眼肌面积测量 1

最后肋骨处背最长肌横断面面积，用硫酸纸描绘眼肌面积（2次）

胴体测量 4

● 6～7肋背膘厚

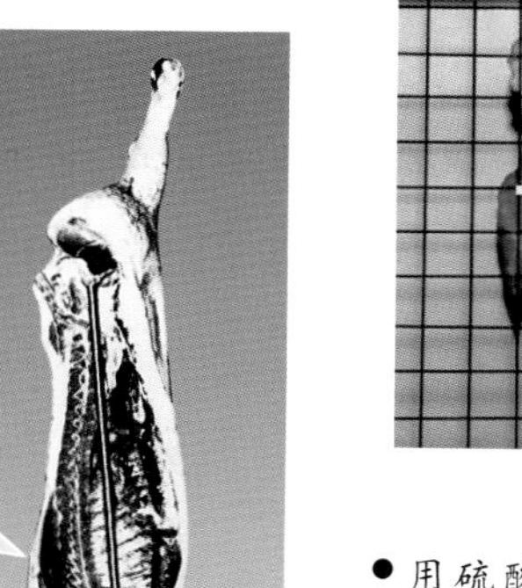

眼肌面积测量 2

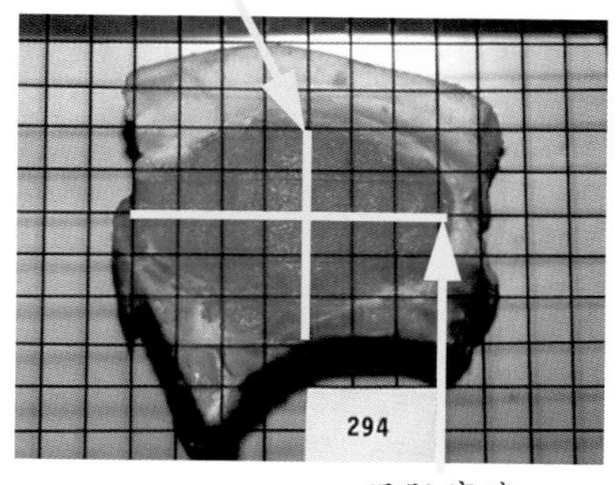

- 用硫酸纸描绘眼肌面积（2次），用求积仪或方格计算纸求出眼肌面积（cm^2）
- 或用下列公式：眼肌面积（cm^2）＝眼肌高度（cm）×眼肌宽度（cm）×0.7

皮　厚

- 第6～7肋骨处皮肤厚度

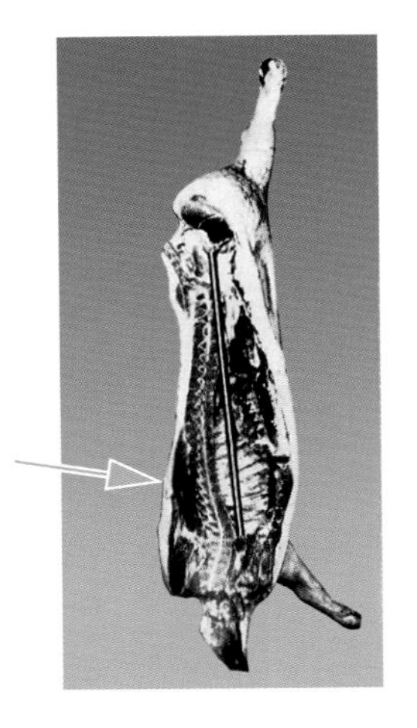

第6～7肋骨处皮肤厚度（mm），用游标卡尺测定

肉质性能

- 水分
- 蛋白质
- 肌内脂肪
- 大理石纹
- 其他指标

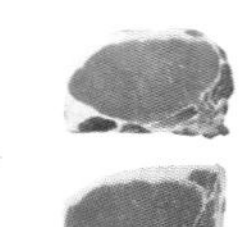

1

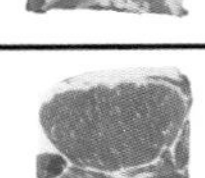

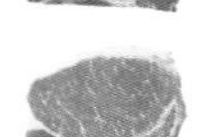

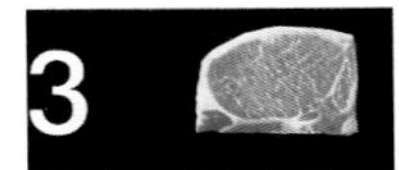

拍　照

- 拍摄能反映品种特征的公、母个体照片，能反映所处生态环境的群体照片
- 具体要求见附录1

正侧面，拍摄者居中，猪头平伸

家禽遗传资源调查提纲

一、一般情况

1．**品种名称**　畜牧学名称、原名、俗名等。

2．**分类**　鸡、鸭分肉用型、蛋用型、兼用型、药用型、观赏型；鹅有大、中、小型等。

3．**产地及分布**　原产地、中心产区及分布。

4．**原产区自然生态条件**

（1）产区经纬度、地势、海拔。

（2）气候条件　气温（年最高、最低、平均），湿度，无霜期（起止日期），日照，降水量（降雨和降雪），雨季，风力等。

（3）水源及土质。

（4）农作物、饲料作物种类及生产情况。

（5）土地利用情况、耕地及草场面积。

（6）适应性。

二、品种来源与变化

1．**品种来源**　形成历史，要说明利用及加工方式（民俗和消费习惯）情况对品种发展的影响。

2．**群体数量**　应分别说明保种群（分公、母）和生产利用数量。要重点说明保种方法和保种场（区）的规模等相关信息。以调查年度上一年年底数为准。

3. 选育情况，品系数及特点

4. 保种场（保种区）名称、地址及联系方式

5. 现有品种标准（注明标准号）及产品商标情况

6. 近15～20年消长形势

（1）数量规模变化。

（2）品质变化大观。

（3）濒危程度（附录2）。

三、体型外貌

按公、母分别描述，包括成年禽（300日龄前后）和雏禽（1日龄：有不同类型请注明各类型所占比例）。

1. 雏禽、成年禽羽色及羽毛重要遗传特征（如快慢羽及其他遗传特征等） 羽色分为：黄、白、黑、芦花、红、褐、浅麻、深麻、灰等，需要分述颈羽、尾羽、主翼羽、背羽、腹羽和鞍羽等，鸭要注明性羽和镜羽等羽色。

2. 肉色、胫色、喙色及肤色 分为白、黄、灰、黑等；胫色、喙色与皮肤是否相同；重点说明能稳定遗传的性状，有不同表型要说明各种类型的比例。

3. 外貌描述

（1）体型特征。

（2）头部特征

鸡：冠型、冠色、冠齿数；髯、耳叶颜色；虹彩颜色；喙色及形状（平或带钩）等。

鸭：喙及喙豆颜色及虹彩颜色，肉瘤及颜色等。

鹅：肉瘤形状、颜色及大小，喙颜色，虹彩颜色，眼睑形状及颜色，颌下有无咽袋，是否有顶星毛等。

（3）其他特征 包括本品种特有的性状，如凤头、胡须、丝羽、五爪、腹褶、颈羽等。

四、体尺和体重（必须在正确的姿势下进行测量，采样公、母各 30 只以上）

1．成年公禽体尺及体重（300 日龄）

（1）鸡

体斜长　用皮尺沿体表测量肩关节至髋骨结节间的距离（cm）。

去毛示例：

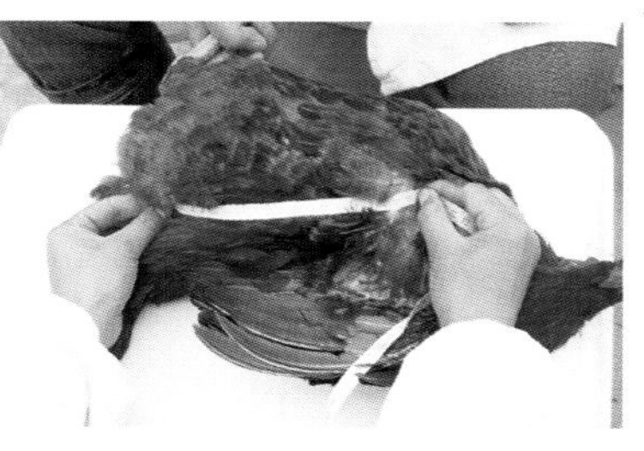

体斜长

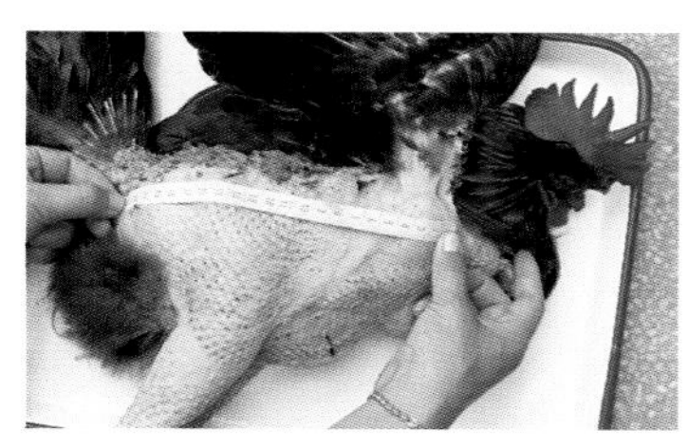

体斜长

胸宽　用卡尺测量两肩关节之间的体表距离（cm）。

去毛示例：

胸　宽

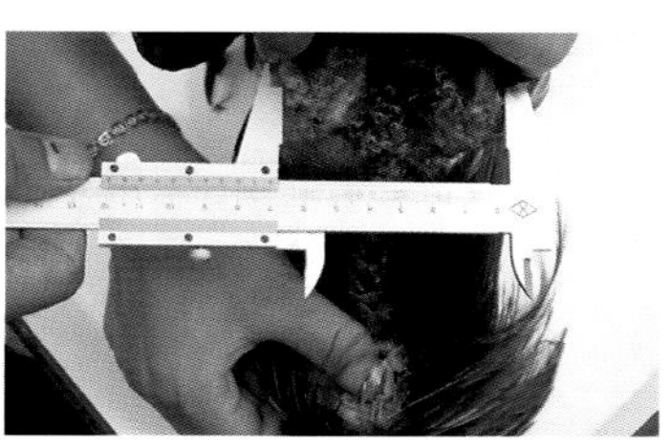

胸　宽

胸深　用卡尺在体表测量第一胸椎到龙骨前缘的距离（cm）。

去毛示例：

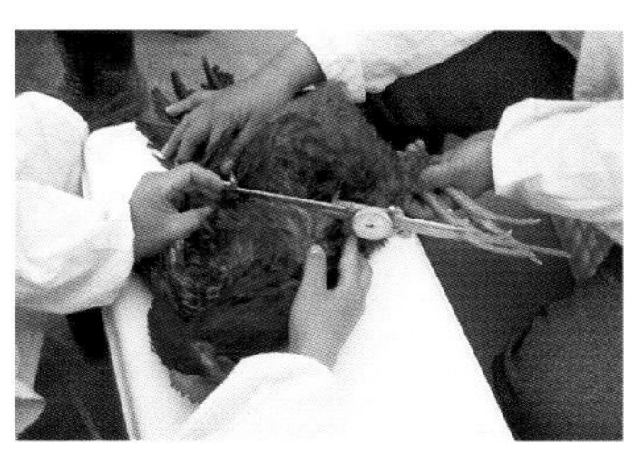

胸　深

胸　深

胸角　用胸角器在龙骨前缘测量两侧胸部的角度。

去毛示例：

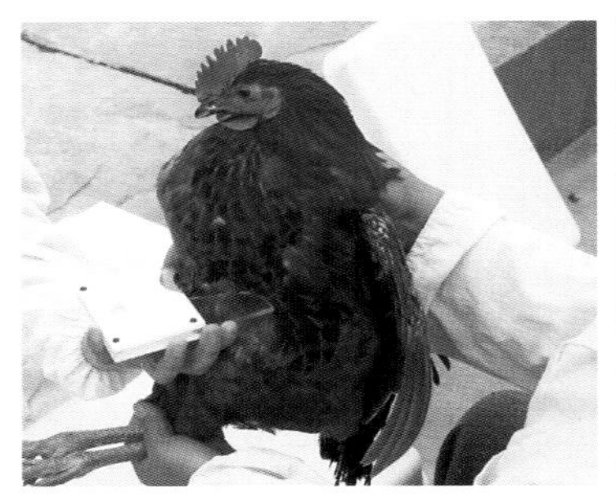

胸　角

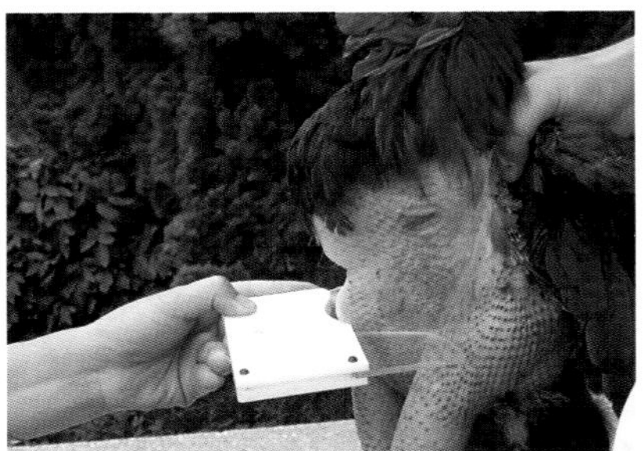

胸　角

龙骨长　用皮尺测量体表龙骨突前端到龙骨末端的距离（cm）。

去毛示例：

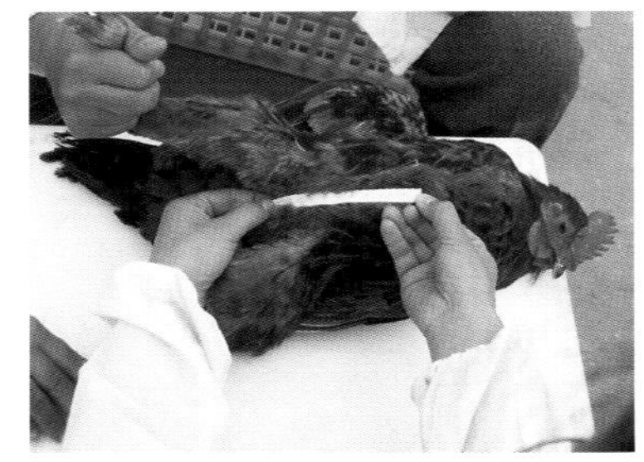

龙骨长

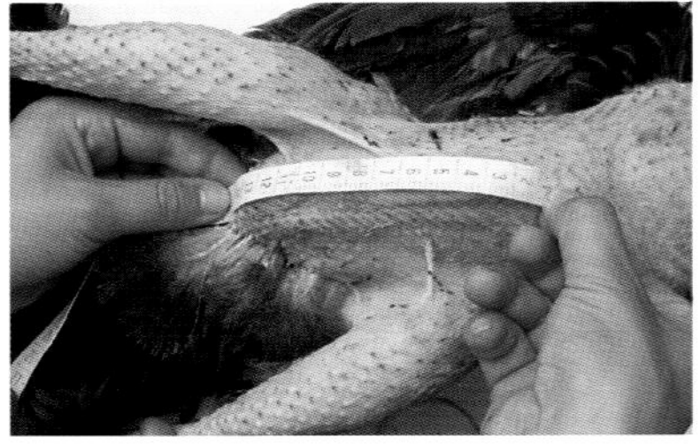

龙骨长

骨盆宽　用卡尺测量两髋骨结节间的距离（cm）。

去毛示例：

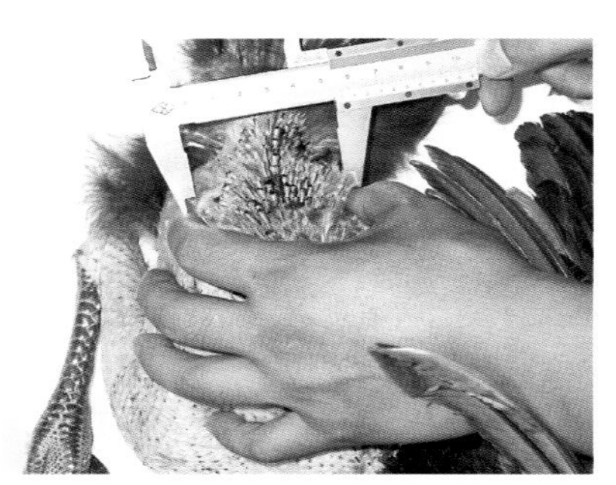

骨盆宽

胫长　用卡尺测量从胫部上关节到第三、四趾间的直线距离（cm）。

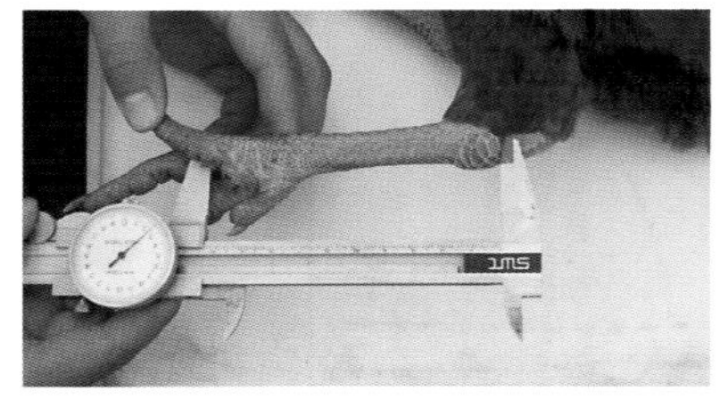

胫　长

胫围　胫部中部的周长（cm）。

体重　用电子秤称取空腹时的重量（g）。

胫　围

（2）鸭

体斜长　用皮尺沿体表测量肩关节至髋骨结节间的距离（cm）。

胸宽　用卡尺测量两肩关节之间的体表距离（cm）。

胸深　用卡尺在体表测量第一胸椎到龙骨前缘的距离（cm）。

龙骨长　用皮尺测量体表龙骨突前端到龙骨末端的距离（cm）。

骨盆宽　用卡尺测量两髋骨结节间的距离（cm）。

胫长　用卡尺测量从胫部上关节到第三、四趾间的直线距离（cm）。

胫围　胫部中部的周长（cm）。

半潜水长　用皮尺测量从嘴尖到髋骨连线中点的距离（cm）。

体重　用电子秤称取空腹时的重量（g）。

（3）鹅

体斜长　用皮尺沿体表测量肩关节至髋骨结节间的距离（cm）。

胸宽　用卡尺测量两肩关节之间的体表距离（cm）。

胸深　用卡尺在体表测量第一胸椎到龙骨前缘的距离（cm）。

龙骨长　用皮尺测量体表龙骨突前端到龙骨末端的距离（cm）。

骨盆宽　用卡尺测量两髋骨结节间的距离（cm）。

胫长　用卡尺测量从胫部上关节到第三、四趾间的直线距离（cm）。

胫围　胫部中部的周长（cm）。

半潜水长　用皮尺测量从嘴尖到髋骨连线中点的距离（cm）。

体重　用电子秤称取空腹时的重量（g）。

半潜水长

颈长 第一颈椎到颈根部的距离（cm）。

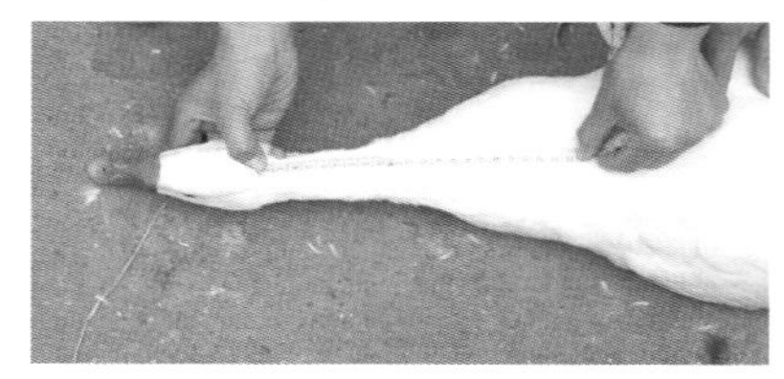

颈 长

2. 成年母鸡（43周龄）及水禽（52周龄） 同公禽。

3. 其他 药用性能、产绒、肥肝性能等。

五、生产性能

1. 生长性能 从群体中随机抽取个体进行测定，每次测定60只以上，并统计大群体的存活率。

（1）初生到13周龄各周体重 初生雏不能鉴别公母分饲的，在8周龄始公、母分别测定。

（2）饲料转化比 全程消耗饲料总量/总增重（初生至8～13周龄）。

（3）存活率

①育雏期存活率：育雏期末合格雏禽数占入舍雏禽数的百分比。

育雏率＝育雏期末合格雏禽数/入舍雏禽数 ×100%

②育成期存活率：育成期末合格育成禽数占育雏期末入舍雏禽数的百分比。

育成期成活率＝育成期末合格育成禽数/育雏期末入舍雏禽数 ×100%

2. 产肉性能 公、母禽随机采样各30只以上，可按照当地上市日龄进行屠宰测定，并注明。

（1）8周龄或13周龄及300日龄公、母禽屠体重（g）。

（2）屠宰率 活禽放血，去羽毛、脚角质层、趾壳和喙壳后的重量为屠体重。

屠宰率＝屠体重／宰前体重 ×100%

（3）半净膛重　屠体去除气管、食管、嗉囊、肠、脾、胰、胆和生殖器官、肌胃内容物及角质膜后的重量。

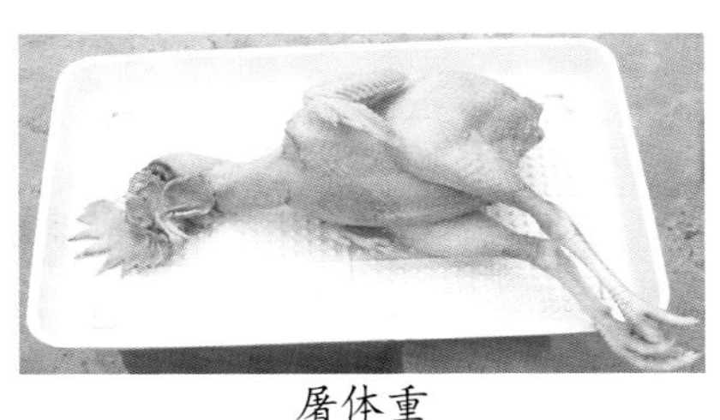

屠体重

（4）全净膛重　半净膛重减去心、肝、腺胃、肌胃、肺、腹脂和头脚（鸭、鹅、鸽、鹌鹑保留头脚）的重量。

（5）腿肌重　去腿骨、皮肤、皮下脂肪后的全部腿肌的重量。

（6）胸肌重　沿着胸骨脊切开皮肤并向背部剥离，用刀切离附着于胸骨脊侧面的肌肉和肩胛部肌腱，即可将整块去皮的胸肌剥离，然后称重。

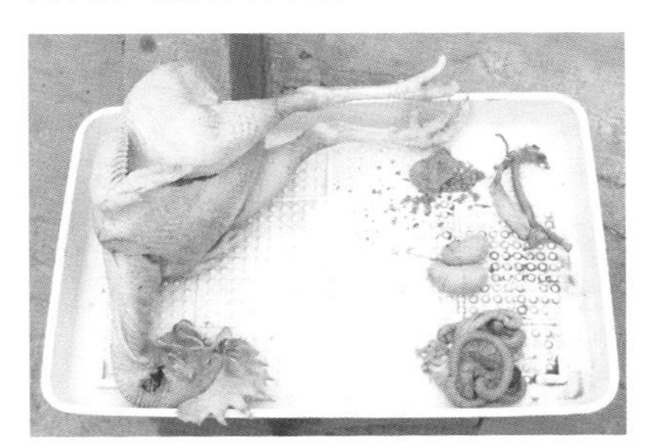

半净膛　屠体重去除的部分

（食管、气管、消化道、胆、脾、生殖器官、肌胃角质及内容物）

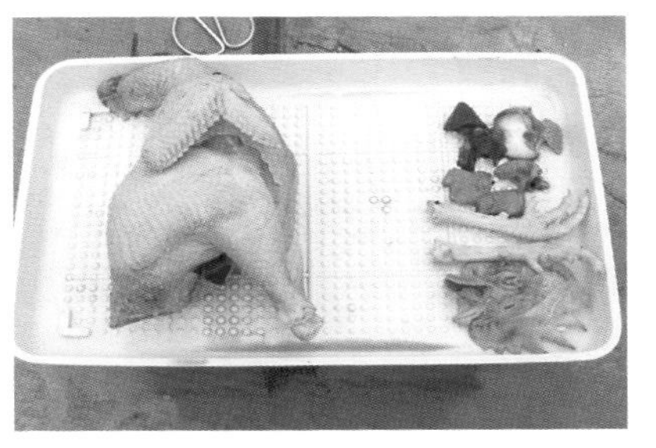

全净膛　半净膛去除的部分

（头、爪、心、肝、肺、肌胃、腺胃、腹脂）

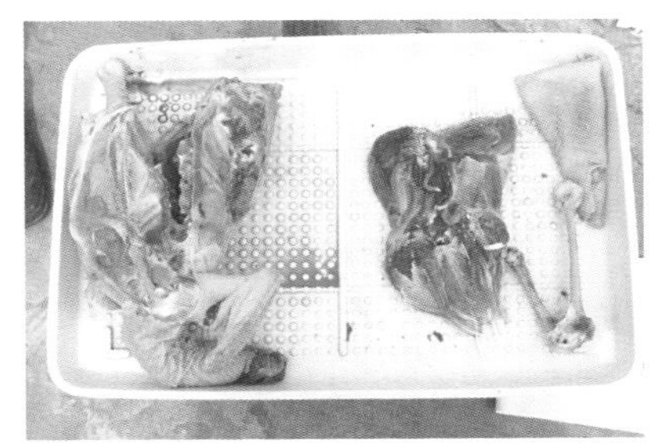

腿　肌

（去腿骨、皮肤）

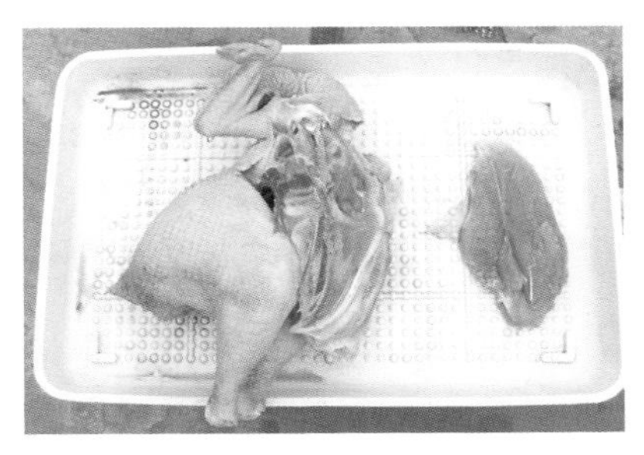

胸　肌

（去除皮肤）

（7）腹脂重　腹部脂肪和肌胃周围的脂肪重量。

（8）瘦肉重（肉鸭）　两侧胸肌和两侧腿肌重量。

（9）皮脂重（肉鸭）　皮、皮下脂肪和腹脂重量。

3. 肉质性状　屠宰测定时，取整块胸肌样品，进行肉质性状测定。

（1）肉色　屠宰后1～2h内观察胸肌横切面，用标准色板，采用5分制目测对比法评定。

（2）pH　屠宰后约45min内测定胸肌横切面肌肉，用pH计3点测定，求平均值。

（3）滴水损失　屠宰后1～2h内测定，切取一块胸肌，称重，用铁丝钩住肉块一端，使肌纤维垂直向下，悬挂在塑料袋中（肉样不得与塑料袋壁接触），扎紧袋口吊挂于冰箱内，在4℃条件下保持24h，取出肉块称重，计算重量减少的百分率。

（4）剪切力　新鲜胸肌经48h贮存熟化后，在室温下放置1h，将温度计插入肌肉中心部位，再置于80℃恒温水浴中加热至肌肉中心温度达70℃时立即终止加温，待肉样冷却至20℃左右时取出肉样，将肉样修整至直径为1.27cm的肉条。在室温条件下，将肉条置于C－LM型嫩度仪进行剪切，测定剪切肉样所需的压力值，以kg为单位表示。

（5）熟肉率　取一块完整的胸肌，剥离外膜和附着脂肪后称重，置于蒸屉上用沸水蒸45min。取出置于阴凉处冷却至室温后称重。计算蒸后肉样重占蒸前的百分率。

（6）肌内脂肪　按照GB／T　14772—2008标准采用索氏提取法测定肌肉中粗脂肪含量。

4. 蛋品质量

（1）蛋重　单位：g。

（2）蛋形指数　用游标卡尺测量蛋的纵径和横径。单位：mm，精确度为0.1mm。

蛋形指数 ＝纵径／横径

（3）蛋壳强度　（选择测定）将蛋垂直放在蛋壳强度测定仪上，钝端向上，测定蛋壳表面单位面积上承受的压力。单位：kg/cm^2。

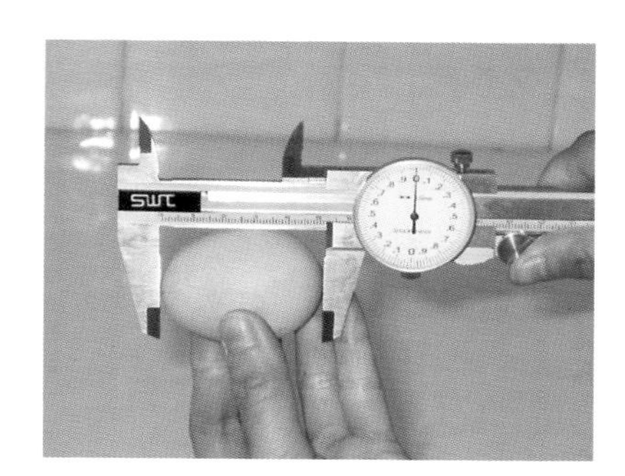

蛋纵径

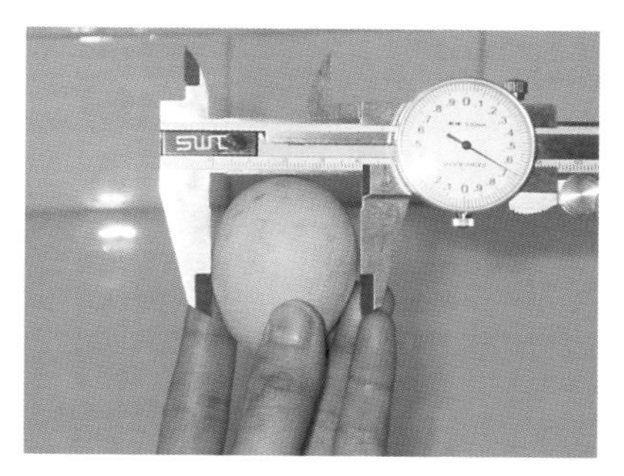

蛋横径

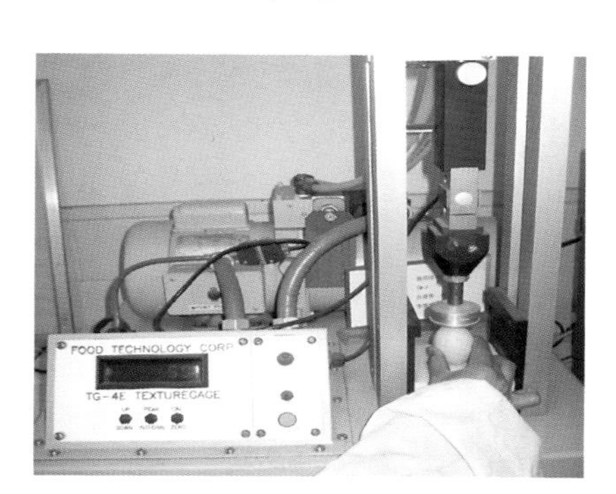

蛋壳强度

(4) 蛋壳厚度　用蛋壳厚度测定仪或游标卡尺测定，分别取钝端、中部、锐端的蛋壳剔除内壳膜后，分别测量厚度，求其平均值。以mm为单位，精确到0.01mm。

蛋壳厚度

(5) 蛋的比重　用盐水漂浮法测定。测定蛋比重溶液的配制与分级：在1000mL水中加NaCl 68g，定为0级，以后每增加一级，累加NaCl 4g，然后用比重计对所配溶液校正。蛋的级别比重见分级表。

蛋比重分级

级别	0	1	2	3	4	5	6	7	8
比重	1.068	1.072	1.076	1.080	1.084	1.088	1.092	1.096	1.100

从0级开始，将蛋逐级放入配制好的盐水中，漂上来的最小盐水比重级，为该蛋的级别。

(6) 蛋黄色泽　按罗氏 (Roche) 蛋黄比色扇的30个蛋黄色泽等级对比分级，统计各级的数量与百分比，求平均值。

蛋的比重

(7) 蛋壳色泽　以白色、浅褐色（粉色）、褐色、深褐色、青（绿色）色等表示。

(8) 哈氏单位　取产出24h内的蛋，称蛋重。测量破壳后蛋黄边缘与浓蛋白边缘中点的浓蛋白高度（避开系带），测量成正三角形的3个点，取平均值。

$$哈氏单位 = 100 \cdot \lg (H - 1.7W^{0.37} + 7.57)$$

H——以mm为单位测量的浓蛋白高度值；

W——以g为单位测量的蛋重值。

(9) 血斑和肉斑率　统计含有血斑和肉斑蛋的百分比，测定数不少于100个。

$$血斑和肉斑率 = 带血斑和肉斑蛋数 / 测定总蛋数 \times 100\%$$

(10) 蛋黄比率

$$蛋黄比率 = 蛋黄重 / 蛋重 \times 100\%$$

蛋黄色泽

蛋白高度

六、繁殖性能

1. 开产日龄

（1）个体记录群以产第一个蛋的平均日龄计算。

（2）群体记录时，蛋鸡、蛋鸭按日产蛋率达50%的日龄计算，肉种鸡、肉种鸭、鹅按日产蛋率达5%的日龄计算。

2. 种蛋受精率 受精蛋占入孵蛋的百分比。血圈、血线蛋按受精蛋计数；散黄蛋按未受精蛋计数。

受精率＝受精蛋数／入孵蛋数 ×100%

3. 受精蛋孵化率 出雏数占受精蛋数的百分比。

受精蛋孵化率＝出雏数／受精蛋数 ×100%

4. 产蛋数（要注明统计禽数）

（1）入舍母禽产蛋数

入舍母禽产蛋数（个）＝统计期内的总产蛋个数／入舍母禽数

（2）母禽饲养日产蛋数

母禽饲养日产蛋数（个）＝统计期内的总产蛋数／平均日饲养母禽只数

5. 蛋重 包括开产蛋重及平均蛋重（300日龄左右）。

6. 就巢性 有无及比例。

七、饲养管理的特殊要求

八、品种保护和研究利用

（1）是否进行过生化或分子遗传测定（何单位何年度测定的）。

（2）是否建有保种场，是否提出过保种和利用计划。

（3）是否建立了品种登记制度（何年开始，何单位负责）。

九、对品种的评估

该品种主要遗传特点和优缺点，可供研究、开发和利用的主要方向。

十、影像资料

拍摄能反映品种特征的公、母个体照片，能反映所处生态环境的群体照片，见附录1。

十一、附录

附有关本品种历年来的试验和测定报告。如果材料较多，列出正式发表的文章名录及摘要。

家禽生产性能名词术语和度量统计方法

一、范围

本标准规定了鸡、鸭、鹅等家禽生产性能的规范名词和度量统计方法。

本标准适用于家禽的生产、育种和科学研究。

二、生产阶段的划分

1. 肉用禽生产

(1) 速生型肉禽　以生长速度快、体型大为特征。

A. 育雏期：鸡0 ~ 4周龄，鸭0 ~ 3周龄，鹅0 ~ 3周龄；

B. 育肥期：鸡5周龄至上市，鸭4周龄至上市，鹅4周龄至上市。

(2) 优质型肉禽　体型、毛色、肤色等符合市场要求；肉质佳或具有特殊保健功能等特征。

A. 育雏期：0 ~ 5周龄；

B. 育成期：6周龄至上市。

2. 种禽及蛋用禽生产

(1) 育雏期

A. 鸡：0 ~ 6周龄；

B. 鸭、鹅：0 ~ 4周龄。

(2) 育成期

A. 蛋鸡：7 ~ 18周龄；

B. 肉种鸡：7 ~ 24周龄；

C. 蛋鸭：5 ~ 16周龄；

D. 肉种鸭：5 ~ 24周龄；

E. 中、小型鹅：5 ~ 28周龄；

F．大型鹅　5 ～ 30周龄。

（3）产蛋期

A．蛋鸡　19 ～ 72周龄；

B．肉种鸡　25 ～ 66周龄；

C．蛋鸭　17 ～ 72周龄；

D．肉种鸭　25 ～ 64周龄；

E．中、小型鹅　29 ～ 66周龄；

F．大型鹅　31 ～ 64周龄。

三、孵化性能

1．种蛋合格率　指种禽所产符合本品种、品系要求的种蛋数占产蛋总数的百分比。

种蛋合格率＝合格种蛋数／产蛋总数 ×100%

2．受精率　受精蛋占入孵蛋的百分比。血圈、血线蛋按受精蛋计数；散黄蛋按未受精蛋计数。

受精率＝受精蛋数／入孵蛋数 ×100%

3．孵化率（出雏率）

（1）受精蛋孵化率　出雏数占受精蛋数的百分比。

受精蛋孵化率＝出雏数／受精蛋数 ×100%

（2）入孵蛋孵化率　出雏数占入孵蛋数的百分比。

入孵蛋孵化率＝出雏数／入孵蛋数 ×100%

4．健雏率　指健康雏禽数占出雏数的百分比。健雏指适时出雏、绒毛正常、脐部愈合良好、精神活泼、无畸形者。

健雏率＝健雏数／出雏数 ×100%

5．种母禽产种蛋数　指每只种母禽在规定的生产周期内所产符合本品种、品系要求的种蛋数。

6．种母禽提供健雏数　每只入舍种母禽在规定生产周期内提供的健雏数。

四、生长发育性能

1．体重

（1）初生重　雏禽出生后24h内的重量，以g为单位，随机抽取50只以上，个体称重后计算平均值。

（2）活重　鸡断食12h，鸭、鹅断食6h的重量，以g为单位。

测定的次数和时间根据家禽品种、类型和其他要求而定。育雏和育成期至少称体重2次，即育雏期末和育成期末；成年体重按蛋鸡和蛋鸭、肉种鸡和肉种鸭44周龄、鹅56周龄测量。每次至少随机抽取公、母各30只进行称重。

2．日绝对生长量和相对生长率

$$日绝对生长量=(W_1-W_0)/t_1-t_0$$

$$相对生长率=(W_1-W_0)/W_0\times 100\%$$

式中：

W_0 ——前一次测定的重量或长度；

W_1 ——后一次测定的重量或长度；

t_0 ——前一次测定的日龄；

t_1 ——后一次测定的日龄。

3．体尺测量　除胸角用胸角器测量外，其余均用卡尺或皮尺测量，单位以cm计，测量值取小数点后1位。

（1）体斜长　体表测量肩关节至坐骨结节间距离。

（2）龙骨长　体表龙骨突前端到龙骨末端的距离。

（3）胸角　用胸角器在龙骨前缘测量两侧胸部角度。

（4）胸深　用卡尺在体表测量第一胸椎到龙骨前缘的距离。

（5）胸宽　用卡尺测量两肩关节之间的体表距离。

（6）胫长　从胫部上关节到第三、四趾间的直线距离。

（7）胫围　胫部中部的周长。

（8）半潜水长（水禽）　从嘴尖到髋骨连线中点的距离。

4．存活率

（1）育雏期存活率　育雏期末合格雏禽数占入舍雏禽数的百

分比。

育雏率＝育雏期末合格雏禽数／入舍雏禽数 ×100%

（2）育成期存活率　育成期末合格育成禽数占育雏期末入舍雏禽数的百分比。

育成期成活率＝育成期末合格育成禽数／育雏期末入舍雏禽数 ×100%

五、产蛋性能

1．开产日龄　个体记录群以产第一个蛋的平均日龄计算。

群体记录时，蛋鸡、蛋鸭按日产蛋率达50%的日龄计算，肉种鸡、肉种鸭、鹅按日产蛋率达5%时日龄计算。

2．产蛋数　母禽在统计期内的产蛋个数。

（1）入舍母禽产蛋数

入舍母禽产蛋数（个）＝统计期内的总产蛋数／入舍母禽数

（2）母禽饲养日产蛋数

母禽饲养日产蛋数（个）＝统计期内的总产蛋数／平均日饲养母禽只数

＝统计期内的总产蛋数／（统计期内累加日饲养只数／统计期日数）

3．产蛋率　母禽在统计期的产蛋百分比。

（1）饲养日产蛋率

饲养日产蛋率＝统计期内的总产蛋数／实际饲养日母禽只数的累加数 ×100%

（2）入舍母禽产蛋率

入舍母禽产蛋率＝统计期内的总产蛋数／入舍母禽数 × 统计日数 ×100%

（3）高峰产蛋率　指产蛋期内最高周平均产蛋率。

4. 蛋重

（1）平均蛋重　个体记录群，每只母禽连续称3个以上的蛋重，求平均值；群体记录，连续称3d产蛋总重，求平均值；大型禽场，按日产蛋量的2%以上称蛋重，求平均值，以g为单位。

（2）总产蛋重量

总蛋重（kg）＝平均蛋重（g）×平均产蛋量/1000

5. 母禽存活率　入舍母禽数（只）减去死亡数和淘汰数后的存活数占入舍母禽数的百分比。

母禽存活率＝［入舍母禽数－（死亡数＋淘汰数）］/入舍母禽数×100%

6. 蛋品质　在44周龄测定蛋重的同时，进行下列指标测定。测定应在产出后24h内进行，每项指标测定蛋数不少于30个。

（1）蛋形指数　用游标卡尺测量蛋的纵径和横径。以mm为单位，精确度为0.1mm。

蛋形指数＝纵径/横径

（2）蛋壳强度　将蛋垂直放在蛋壳强度测定仪上，钝端向上，测定蛋壳表面单位面积上承受的压力，单位为kg/cm^2。

（3）蛋壳厚度　用蛋壳厚度测定仪测定，分别取钝端、中部、锐端的蛋壳剔除内壳膜后，分别测量厚度，求其平均值。以mm为单位，精确到0.01mm。

（4）蛋的比重　用盐水漂浮法测定。测定蛋比重溶液的配制与分级：在1000mL水中加NaCl 68g，定为0级，以后每增加一级，累加NaCl 4g，然后用比重法对所配溶液校正。蛋的级别比重见下表。

蛋的分级比重

级别	0	1	2	3	4	5	6	7	8
比重	1.068	1.072	1.076	1.080	1.084	1.088	1.092	1.096	1.100

从0级开始，将蛋逐级放入配制好的盐水中，漂上来的最小盐

水比重级，为该蛋的级别。

(5) 蛋黄色泽　按罗氏 (Roche) 蛋黄比色扇的30个蛋黄色泽等级对比分级，统计各级的数量与百分比，求平均值。

(6) 蛋壳色泽　以白色、浅褐色（粉色）、褐色、深褐色、青色（绿色）等表示。

(7) 哈氏单位　取产出24h内的蛋，称蛋重。测量破壳后蛋黄边缘与浓蛋白边缘中点的浓蛋白高度（避开系带），测量成正三角形的3个点，取平均值。

$$哈氏单位 = 100 \cdot \lg (H - 1.7W^{0.37} + 7.57)$$

H——以mm为单位测量的浓蛋白高度值；

W——以g为单位测量的蛋重值。

(8) 血斑和肉斑率　统计含有血斑和肉斑蛋的百分比，测定数不少于100个。

$$血斑和肉斑率 = 带血斑和肉斑蛋数 / 测定总蛋数 \times 100\%$$

(9) 蛋黄比率

$$蛋黄比率 = 蛋黄重 / 蛋重 \times 100\%$$

六、肉用性能

1. 宰前体重　鸡宰前禁食12h，鸭、鹅宰前禁食6h后称活重，以g为单位记录。

2. 屠宰率　放血，去羽毛、脚角质层、趾壳和喙壳后的重量为屠体重。

$$屠宰率 = 屠体重 / 宰前体重 \times 100\%$$

3. 半净膛重　屠体去除气管、食管、嗉囊、肠、脾、胰、胆和生殖器官、肌胃内容物及角质膜后的重量。

4. 半净膛率

$$半净膛率 = 半净膛重 / 宰前体重 \times 100\%$$

5. 全净膛重　半净膛重减去心、肝、腺胃、肌胃、肺、腹脂和头脚（鸭、鹅、鸽、鹌鹑保留头脚）的重量。

去头时在第一颈椎骨与头部交界处连皮切开；去脚时沿跗关

节处切开。

6. 全净膛率

全净膛率＝全净膛重／宰前体重 ×100%

7. 分割

（1）翅膀率　将翅膀向外侧拉开，在肩关节处切下，称左右两侧翅膀重。

翅膀率＝两侧翅膀重／全净膛重 ×100%

（2）腿比率　将腿向外侧拉开使之与体躯垂直，用刀沿着腿内侧与体躯连接处中线向后，绕过坐骨端避开尾脂腺部，沿腰荐中线向前直至最后胸椎处，将皮肤切开，用力把腿部向外掰开，切离髋关节和部分肌腱，即可连皮撕下整个腿部，称重。

腿比率＝两侧腿重／全净膛重 ×100%

（3）腿肌率　去腿骨、皮肤、皮下脂肪后的全部腿肌重。

腿肌率＝两侧腿净肌肉重／全净膛重 ×100%

（4）胸肌率　沿着胸骨脊切开皮肤并向背部剥离，用刀切离附着于胸骨脊侧面的肌肉和肩胛部肌腱，即可将整块去皮的胸肌剥离，称重。

胸肌率＝两侧胸肌重／全净膛重 ×100%

（5）腹脂率　腹脂指腹部脂肪和肌胃周围的脂肪。

腹脂率＝腹脂重／全净膛重＋腹脂重 ×100%

（6）瘦肉率（肉鸭）　瘦肉重指两侧胸肌和两侧腿肌重量。

瘦肉率＝两侧胸肌、腿肌重／全净膛重 ×100%

（7）皮脂率（肉鸭）　皮脂重指皮、皮下脂肪和腹脂重量。

皮脂率＝（皮重＋皮下脂肪重＋腹脂重）／全净膛重 ×100%

（8）骨肉比　将全净膛禽煮熟后去肉、皮、肌腱等，称骨骼重量。

骨肉比＝骨骼重／（全净膛重－骨骼重）

七、饲料利用性能

1. 平均日耗料量　按育雏期、育成（育肥）期、产蛋期分别统计。

平均日耗料（g）＝全期耗料／饲养只日数

2．饲料转化比　指生产每一个单位产品实际消耗的饲料量。

（1）蛋禽　按产蛋期和全程两种方法统计。

产蛋期饲料转化比＝产蛋期消耗饲料总量／总产蛋重量

$$\text{全程饲料转化比} = \text{初生到产蛋末期消耗饲料总量} / \left(\text{总产蛋重量} + \text{产蛋期末母禽总重量}\right)$$

（2）肉禽

肉禽饲料转化比＝全程消耗饲料总量／总增重

（3）种禽

$$\text{生产每个种蛋耗料量（g）} = \text{初生到产蛋末期总耗料（包括种公禽）} / \text{总合格种蛋数}$$

家禽遗传资源概况调查登记表

<table>
<tr><td colspan="2">编号</td><td></td><td>日　期</td><td>年　月　日</td></tr>
<tr><td colspan="2">调查填表人</td><td></td><td>联系电话</td><td></td></tr>
<tr><td colspan="2">品种名称</td><td></td><td>其他名称</td><td></td></tr>
<tr><td colspan="2">调查地点</td><td colspan="3">省（自治区）　地区（州／市）　县（市／区）</td></tr>
<tr><td colspan="2">原产地</td><td></td><td>中心产区</td><td></td></tr>
<tr><td colspan="2">分布</td><td></td><td>品种来源及形成过程</td><td></td></tr>
<tr><td colspan="2">群体数量</td><td colspan="3">公：　母：</td></tr>
<tr><td colspan="2">近15年消长形势</td><td colspan="3">数量变化：　品质变化：　濒危程度：</td></tr>
<tr><td colspan="2">保种群数量</td><td colspan="3">公：　母：　家系数：</td></tr>
<tr><td rowspan="7">产区自然生态条件</td><td>地貌</td><td></td><td>海拔</td><td></td></tr>
<tr><td>气候类型</td><td></td><td>年降水量</td><td></td></tr>
<tr><td>无霜期</td><td></td><td>水源土质</td><td></td></tr>
<tr><td>气温</td><td colspan="3">年最高：　年最低：　年平均：</td></tr>
<tr><td>农业类型</td><td></td><td>草场及农作物</td><td></td></tr>
<tr><td>其他畜禽种类</td><td colspan="3"></td></tr>
<tr style="display:none"><td></td></tr>
<tr><td colspan="2">保种场名称、地址、联系方式和存栏量</td><td colspan="3">1.
2.</td></tr>
<tr><td colspan="2">保护区名称、地址、联系方式和存栏数</td><td colspan="3"></td></tr>
<tr><td colspan="2">规模场名称、地址、联系方式和存栏数</td><td colspan="3">1.
2.</td></tr>
<tr><td colspan="2">品种标准及商标情况</td><td colspan="3"></td></tr>
<tr><td colspan="2">资源评价：遗传特点、优异特性，研究、开发和利用现状及前景</td><td colspan="3"></td></tr>
</table>

家禽遗传资源体型外貌登记表

<table>
<tr><td>编号</td><td colspan="5"></td><td colspan="2">日　期</td><td colspan="4">年　　月　　日</td></tr>
<tr><td>填表人</td><td colspan="5"></td><td colspan="2">联系方式</td><td colspan="4"></td></tr>
<tr><td>地点</td><td colspan="11">省（自治区）　地区（州/市）　县（市/区）　乡（镇）　村</td></tr>
<tr><td></td><td colspan="11">个体体型外貌调查登记</td></tr>
<tr><td>品种</td><td></td><td colspan="2">登记号</td><td colspan="2"></td><td>性别</td><td></td><td>年龄</td><td colspan="3"></td></tr>
<tr><td rowspan="13">颜色</td><td></td><td>黄</td><td>白</td><td>黑</td><td>芦花</td><td>红</td><td>褐</td><td>浅麻</td><td>深麻</td><td>灰</td><td>其他</td></tr>
<tr><td>颈羽</td><td></td><td></td><td></td><td></td><td></td><td></td><td></td><td></td><td></td><td></td></tr>
<tr><td>尾羽</td><td></td><td></td><td></td><td></td><td></td><td></td><td></td><td></td><td></td><td></td></tr>
<tr><td>主翼羽</td><td></td><td></td><td></td><td></td><td></td><td></td><td></td><td></td><td></td><td></td></tr>
<tr><td>背羽</td><td></td><td></td><td></td><td></td><td></td><td></td><td></td><td></td><td></td><td></td></tr>
<tr><td>腹羽</td><td></td><td></td><td></td><td></td><td></td><td></td><td></td><td></td><td></td><td></td></tr>
<tr><td>鞍羽</td><td></td><td></td><td></td><td></td><td></td><td></td><td></td><td></td><td></td><td></td></tr>
<tr><td>其他</td><td></td><td></td><td></td><td></td><td></td><td></td><td></td><td></td><td></td><td></td></tr>
<tr><td></td><td colspan="2">白</td><td colspan="2">黄</td><td colspan="2">灰</td><td colspan="2">黑</td><td colspan="2">其他</td></tr>
<tr><td>肉色</td><td colspan="2"></td><td colspan="2"></td><td colspan="2"></td><td colspan="2"></td><td colspan="2"></td></tr>
<tr><td>胫色</td><td colspan="2"></td><td colspan="2"></td><td colspan="2"></td><td colspan="2"></td><td colspan="2"></td></tr>
<tr><td>喙色</td><td colspan="2"></td><td colspan="2"></td><td colspan="2"></td><td colspan="2"></td><td colspan="2"></td></tr>
<tr><td>肤色</td><td colspan="2"></td><td colspan="2"></td><td colspan="2"></td><td colspan="2"></td><td colspan="2"></td></tr>
<tr><td rowspan="6">头部特征</td><td rowspan="2">鸡</td><td>冠形</td><td>冠色</td><td colspan="2">冠齿数</td><td>有无髯</td><td>耳叶色</td><td colspan="2">虹彩色</td><td>喙色</td><td>喙形</td></tr>
<tr><td></td><td></td><td colspan="2"></td><td></td><td></td><td colspan="2"></td><td></td><td></td></tr>
<tr><td rowspan="2">鸭</td><td colspan="2">喙色</td><td colspan="2">喙豆颜色</td><td colspan="2">虹彩颜色</td><td colspan="2">蹼色</td><td colspan="2">其他</td></tr>
<tr><td colspan="2"></td><td colspan="2"></td><td colspan="2"></td><td colspan="2"></td><td colspan="2"></td></tr>
<tr><td rowspan="2">鹅</td><td colspan="2">肉瘤有无</td><td colspan="2">肉瘤形状</td><td colspan="2">虹彩颜色</td><td colspan="2">眼睑色</td><td>咽袋</td><td>顶星毛</td></tr>
<tr><td colspan="2"></td><td colspan="2"></td><td colspan="2"></td><td colspan="2"></td><td></td><td></td></tr>
<tr><td rowspan="2">其他特征</td><td>凤头</td><td colspan="2">胡须</td><td>丝羽</td><td colspan="2">五爪</td><td colspan="2">乌骨</td><td>腹褶</td><td>胫羽</td><td>其他</td></tr>
<tr><td></td><td colspan="2"></td><td></td><td colspan="2"></td><td colspan="2"></td><td></td><td></td><td></td></tr>
<tr><td>体型特征</td><td colspan="11"></td></tr>
</table>

家禽遗传资源体重、体尺测定登记表

品种名：　　　　　地点：　　省　　地区（州／市）　　县（市／区）　　乡（镇）　　村

编号	性别	日龄	体重 (g)	体斜长 (cm)	胸宽 (cm)	胸深 (cm)	胸角 (度)	龙骨长 (cm)	骨盆宽 (cm)	胫长 (cm)	胫围 (cm)	半潜水长 (水禽, cm)	颈长 (鹅, cm)	其他
平均值														
标准差														

测定人：　　　　电话：　　　　记录人：　　　　电话：　　　　日期：　　年　　月　　日

家禽遗传资源生长性能测定登记表

品种名：　　地点：　　省　　地区（州／市）　　县（市／区）　　乡（镇）　　村　　单位：g,kg

编号	性别	初生重	___周龄重	___周龄重	___周龄重	___周龄重	___周龄重	___周龄重	___周龄重	___周龄重	___周龄重	___周龄重	___周龄重	其他
平均值														
标准差														

测定人：　　电话：　　记录人：　　电话：　　日期：　　年　　月　　日

家禽遗传资源产肉性能测定登记表

品种名：　　地点：　　省　　地区（州／市）　县（市／区）　　乡（镇）　　村　　单位：g,kg

编号	性别	日龄	宰前活重	屠体重	半净膛重	全净膛重	腹脂重	腿肌重	胸肌重	饲料转化率（初生至___周）	其他
均值											
标准差											

测定人：　　电话：　　记录人：　　电话：　　日期：　　年　　月　　日

家禽遗传资源肉质性能测定登记表

品种名：　　地点：　　省　　地区（州／市）　　县（市／区）　　乡（镇）　　村

编号	日龄	性别	肉色	pH	滴水损失	剪切力	熟肉率	肌内脂肪（%）	其他
平均值									
标准差									

测定人：　　电话：　　记录人：　　电话：　　日期：　　年　　月　　日

家禽遗传资源蛋品质测定登记表

品种名：　　日龄：　　地点：　　省　　地区（州／市）　　县（市／区）　　乡（镇）　　村

蛋号	蛋重 (g)	蛋形指数			蛋壳强度 (kg/cm^2)	蛋壳厚度 (mm)	蛋比重 (级)	蛋黄色泽 (级)	蛋壳颜色	哈氏单位		血斑	蛋黄比率 (%)	其他
		纵径 (mm)	横径 (mm)	指数						蛋白高度 (mm)	值			
平均值														
标准差														

测定人：　　电话：　　记录人：　　电话：　　日期：　　年　　月　　日

家禽繁殖性能群体统计登记表

品种名：

群体编号	群体地点	统计时间	群体大小（只）	开产日龄(d)	开产体重(kg)	300日龄蛋重(g)	产蛋数（枚）	就巢率（%）	配种方式	育雏期成活率(%)	育成期成活率(%)	产蛋期成活率(%)	种蛋受精率(%)	受精蛋孵化率(%)	血、肉斑率(%)	其他
均值																
标差																

统计人：　　　　电话：　　　　记录人：　　　　电话：

马属动物（马、驴）遗传资源调查提纲

一、一般情况

1．品种名称　畜牧学名称、原名、俗名等。

2．中心产区及分布

3．产区自然生态条件

（1）地势、海拔与经纬度。

（2）气候条件　气温（年最高、最低、平均），湿度，无霜期（起止日期），降水量（降雨和降雪），雨季，风力等。

（3）水源及土质。

（4）土地利用情况　耕地及草地面积。

（5）农作物、饲料作物种类及生产情况。

（6）品种对当地条件的适应性及抗病能力。

（7）近10年来生态环境变化情况。

二、品种来源与变化

1．品种来源　形成历史，流向。

2．群体数量　调查年度上一年年底数。

（1）基础母畜数。

（2）配种公畜数。

（3）未成年及哺乳驹公、母数。

3. 近25 ~ 30年消长形势

（1）数量规模变化。

（2）品质变化大观。

（3）濒危程度　见附录2。

三、体型外貌

1. 外形与体质　外形特点，体质特点。类型：乘用型、挽用型和兼用型。

2. 头部特征　头形特点，额宽窄，眼大小，耳大小等。

3. 颈部特征　长短，形状，肌肉发育，头颈结合情况，颈肩背结合情况。

4. 鬐甲特征　鬐甲高低、宽窄、长短。

5. 胸部特征　宽窄、深度、形状。

6. 腹部特征　腹部特点。

7. 背腰特征　是否平直，结合情况。

8. 尻部特征　形状、方向等。

9. 四肢特征　肢势特点，关节是否结实，蹄及系部的特点。

10. 尾毛　长短、浓稀，尾础高低。

11. 毛色和特征　栗、骝、黑、青等及其比例，主要特征。

12. 别征　头部、四肢及其他。

四、体尺和体重

1. 成年公、母马（驴）体尺

（1）体高　鬐甲最高点到地平面的垂直距离。

（2）体长　肩端前缘至臀端直线距离。

（3）胸围　在肩胛骨后缘处垂直绕一周的胸部围长度。

（4）管围　左前管部上 1/3 的下端（最细处）的周长度。

（5）头长　项顶至鼻端间距。

（6）颈长　耳根至肩胛前缘。

（7）胸宽　两肩端外侧之间的宽度。

（8）胸深　鬐甲最高点至胸下缘直线距离

2．体重　成年公、母马（驴）体重。在没有地磅的情况下，根据体尺估算体重。计算公式如下：

大型马体重（kg）=5.3 胸围（cm）−505

小型马体重（kg）=6.4 胸围（cm）−689.6

马体重（kg）＝胸围（cm）^{2}× 体长（cm）/11 877

驴体重（kg）=2.6 胸围（cm)+1.8 体长（cm)+3.0 尻长（cm)−500.2

驴体重（kg）=0.72 体高（cm)+1.44 体长（cm)+2.59 胸围（cm)−367.62

对于 2 岁及以下驴的体重，按照下列对应关系估算

单位：cm、kg

胸围	75 76 77 78 79 80 81 82 83 84 85 86 87 88 89 90 91 92 93 94 95 96 97 98 99 100
体重	46 47 49 51 53 55 57 59 61 63 65 67 69 71 74 76 78 81 83 86 88 91 94 96 99 102

3．体R指数

（1）体长指数

体长指数＝体长 / 体高 ×100%

（2）胸围指数

胸围指数＝胸围 / 体高 ×100%

（3）管围指数

管围指数＝管围 / 体高 ×100%

五、生产性能

1．速度（马）及挽力、驮重（驴）

（1）1 000m 速度。

（2）3 000m 速度。

（3）长途骑乘（km /d)。

（4）最大挽力（驴）。

（5）驮重（kg）。

（6）其他　如泌乳（kg）、好斗性等。

2．繁殖性能

（1）性成熟年龄。

（2）初配年龄。

（3）一般利用年限。

（4）发情季节。

（5）发情周期。

（6）怀孕期。

（7）幼驹初生重　公、母（kg）。

（8）幼驹断奶重　公、母（kg）。

（9）年平均受胎率。

（10）年产驹率。

（11）采用人工授精时母马（驴）受胎率，每匹公马（驴）的配种数。

六、饲养管理

1．饲养方式　放牧、半舍饲、舍饲；舍饲密度。

2．日饲喂量　一年四季，主要饲料种类，精料比例、饮水方式。

3．抗病、耐粗情况　主要疾病等。

七、品种保护和研究利用

（1）是否进行过生化或分子遗传测定（何单位何年度测定）。

（2）是否建有保种场，是否提出过保种和利用计划。

（3）是否建立了品种登记制度（何年开始，何单位负责）。

八、对品种的评估

该品种主要遗传特点和优缺点；目前的主要利用方向；今后可供研究、开发和利用的主要方向展望。

九、影像资料

拍摄能反映品种特征的公、母个体照片，能反映所处生态环境的群体照片。见附录1。

十、采集样本

主要包括血液、组织和被毛等。

每个品种采集不少于30个具有典型品种特征的血液样本(10mL标记过的塑料离心管)，并对应有体尺、生产性能资料；如果血样难以获得，可选择肌肉、肝脏组织或者耳缘组织黄豆粒大小，保存于10mL含纯乙醇旋盖离心管（已标记）；对于野生种群，可以选择被毛组织，距鬃毛根部4cm左右的地方，用力拔下至少6～10根附带有毛囊的鬃毛，装入带盖离心管。

十一、附录

附有关本品种历年来的试验和测定报告。如果材料多，列出正式发表的文章名录及摘要。

（一）地方品种志或动物遗传资源调查报告；

（二）1949年以来的区域畜牧业或者农业区划；

（三）实施的各类相关项目资料，包括试验、测定报告；

（四）相关论文、成果等；

（五）其他有关资料，包括图片、影像等。

马体部位名称图示

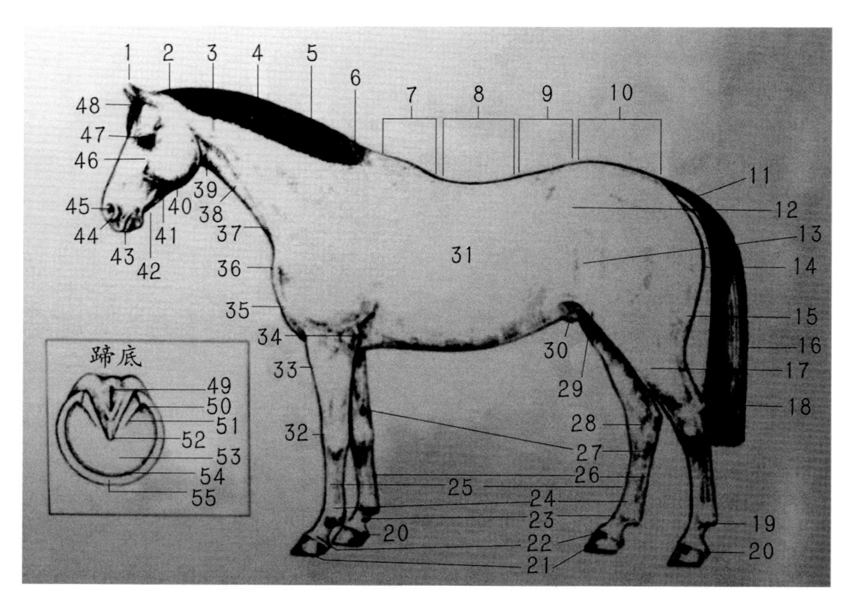

1.耳　2.项　3.颈　4.颈脊　5.鬣　6.肩　7.鬐甲　8.背　9.腰　10.尻
11.尾根　12.腰角　13.肷部　14.臀端　15.股　16.尾　17.胫　18.飞端
19.距　20.蹄踵　21.蹄壁　22.蹄冠　23.系部　24.球节　25.管　26.韧带
27.附禅　28.飞节　29.后膝　30.阴囊　31.肋　32.腕　33.前膊　34.肘
35.胸　36.肩端　37.颈静脉沟　38.气管　39.喉　40.颊　41.颌　42.颚凹
43.口　44.口吻部　45.鼻孔　46.颊骨　47.眼　48.门鬃　49.蹄叉纵沟
50.蹄支角　51.蹄支　52.蹄叉尖　53.蹄底　54.白线　55.蹄壁

马体观测方向图示

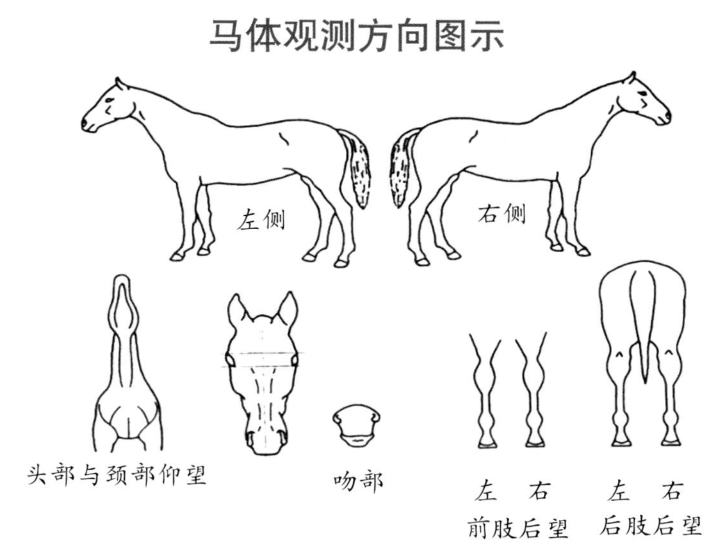

马属动物牙齿排列示意图

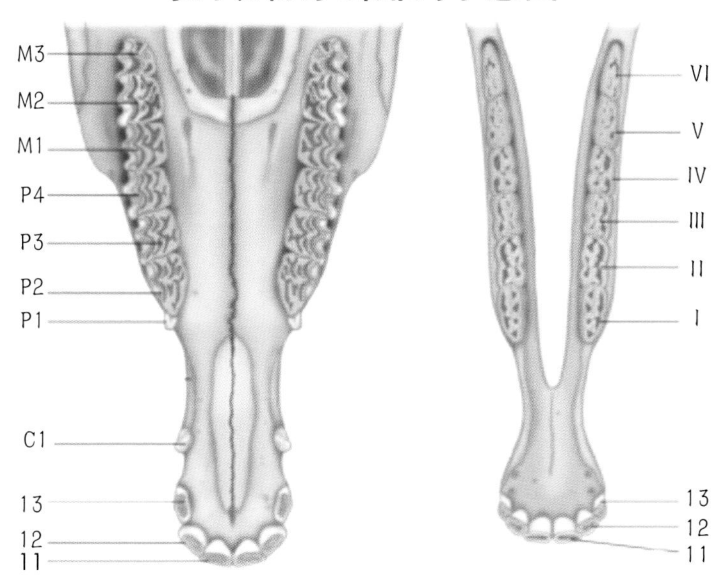

11.门齿　12.中间齿　13.隅齿　C1.犬齿　P1.狼齿　P2～P4.上颌左前臼齿　M1～M3.上颌左后臼齿

马属动物（马、驴）遗传资源概况表（一）

编号：_______________ 日期：__________年__________月__________日

地点：______省（自治区）______县（区、市）______乡（镇）______村

联系人：________________________________联系方式：_______________

品种名称						备注
其他名称						
原产地					品种类型	
分布					中心产区	
总匹（头）数						
成年母马（驴）	匹（头）数					
	能繁个体数					
	本交数					
成年公马（驴）	匹（头）数					
	配种个体数					
未成年离乳匹（头）数	公					
	母					
哺乳匹（头）数	公					
	母					
基础群占全群比	公					
	母					
产区自然生态条件	地貌与海拔					
	气候类型					
	年降水量					
	无霜期					
	水源土质					
	气温	年最高		年最低		
		年平均				
开发利用情况						

记录人： 电话： E-mail：

马属动物（马、驴）遗传资源概况表（二）

编号：________________日期：__________年__________月__________日

地点：________省________县（区、市）________乡（镇）______村

联系人：________________________________联系方式：________________

品种评价	该品种的遗传特点，优异特征，可供研究、开发和利用的主要方向	
分子生物学测定	是否进行过生化或分子遗传测定（测定单位、测定时间）	
消长形式	近25～30年数量规模变化，品质变化	
遗传资源保护状况	是否提出过保种和利用计划(保种场)	
	是否建立了品种登记制度(开始时间、负责单位)	
濒危程度		
饲养管理情况	圈养	
	全年放牧	
	季节性放牧	
	补饲情况	
	管理难易	
疫病情况	流行性传染病调查	
	寄生虫病调查	

记录人： 电话： E-mail：

马属动物（马、驴）遗传资源个体外貌登记表

编号：__________日期：________年________月________日

地点：________省________县（区、市）________乡（镇）______村

联系人：__________________联系方式：________________

品种名称		性别	♂ ♀	体质	湿润 干燥 细致 粗糙 结实	
个体号		年龄		经济类型	乘用 挽用 兼用 驮用	备注
外貌特征	头　大小　大□　中□　小□ 形状　直头□　兔头□　半兔头□　凹头□　羊头□　楔头□　条形□ 额　宽□　中□　窄□　直□　凸□　凹□ 眼　大□　中□　小□ 耳　长□　中□　短□　垂□　立□　尖□　灵活□ 颚凹　宽□　中□　窄□ 颈　长短　长□　中□　短□ 形状　直颈□　鹤颈□　脂颈□　鹿颈□ 方向　斜颈□　水平颈□　立颈□ 颈础　高颈础□　低颈础□　中等颈础□ 鼻　长□　中□　短□　平直□　凸□　凹□ 鬐甲　高鬐甲□　中等鬐甲□　低鬐甲□　锐鬐甲□ 前胸　宽胸□　窄胸□　平胸□　凸胸□　凹胸□　胸深□　胸浅□ 背部　直背□　凸背□　凹背□ 腰部　直腰□　短腰□　长腰□　中等腰□　凸腰□　凹腰□ 腹部　良腹□　垂腹□　草腹□　卷腹□ 尻部　正尻□　水平尻□　斜尻□　圆尻□　复尻□　尖尻□ 前肢肢势　正肢势□　外弧□　内弧□　广踏□　狭踏□　前踏□　后踏□ 后肢肢势　正肢势□　外弧□　内弧□　刀状□　前踏□　后踏□ 系　正系□　卧系□　立系□　凸球□　熊脚□ 蹄　内向□　外向□　立蹄□　滚蹄□					

（续）

<table>
<tr><th colspan="5">马</th></tr>
<tr><th rowspan="2"></th><th rowspan="2">毛色</th><th colspan="3">别征</th></tr>
<tr><th>头部</th><th>四肢</th><th>其他</th></tr>
<tr><td rowspan="2">毛色别征描述（相应特征上打钩）</td><td>骝色　黄骝 红骝 褐骝 黑骝
栗色　红栗 黄栗 金栗 朽栗
黑色　纯黑 淡黑 锈黑
青色　铁青 红青 菊花青 斑点青
白青
白毛　纯白 污白 桃花白
沙毛　沙黑 沙栗 沙青 沙兔褐
兔褐　灰兔褐 黄兔褐 红兔褐
青兔褐
海骝
鼠灰
银鬃
花毛（驳毛）黑花 骝花 栗花
斑毛</td><td>额刺毛
小星
大星
流星
长广流星
断流星
白脸
白鼻
鼻端白
肉斑
玉石眼
（玻璃眼）</td><td>管白
（踏雪）
管1/3白
管1/2白
（管半白）
管3/4白
球节白
系白
蹄冠白
黑斑
（系部）</td><td>额旋
鼻旋
颈旋
胸下旋
羽状旋毛
球节白
系白
蹄冠白
球节白
球节白
系白
蹄冠白
虎斑
（斑马纹）
隐斑
伤痕
烙印
唇印（刺青）</td></tr>
<tr><td colspan="4">公、母马全身照粘贴处
（左侧水平拍照，远侧两肢收拢，近侧开张状；可见四蹄及公马阴囊）</td></tr>
</table>

（续）

<table>
<tr><th colspan="5">驴</th></tr>
<tr><th rowspan="2"></th><th rowspan="2">毛色</th><th colspan="3">别征</th></tr>
<tr><th>头部</th><th>身体四肢</th><th>其他</th></tr>
<tr><td rowspan="2">毛色别征描述（相应特征上打钩）</td><td rowspan="2">粉黑（三粉或黑燕皮）
乌头黑
皂角黑
灰色
青色
苍色
栗色（红、铜、驼色）
白色</td><td>白斑
耳斑</td><td>背线（骡线）
鹰膀
虎斑（斑马纹）</td><td>旋毛
伤痕
烙印
唇印（刺青）</td></tr>
<tr><td colspan="3">公、母驴全身照粘贴处
（左侧水平拍照，远侧两肢收拢，近侧开张状；可见四蹄及公驴阴囊）</td></tr>
<tr><td>失格损征</td><td colspan="4">失明　白内障　鬐甲瘘　脐疝　肘端（飞端）肿大　管骨瘘　熊脚　裂蹄　其他</td></tr>
<tr><td>牙齿生长情况</td><td colspan="4">正常　犬齿＋　狼齿＋　畸形　天包地　地包天　牙周炎　其他</td></tr>
<tr><td>睾丸发育情况</td><td colspan="4"></td></tr>
<tr><td>乳房发育情况</td><td colspan="4"></td></tr>
<tr><td>综合评价</td><td colspan="4"></td></tr>
</table>

注：在“＋”上标识牙齿位置，如右侧上下各有一颗犬齿，则在“＋”右边上下打“√”。

记录人：　　　　　　　　　　电话：　　　　　　　　　　E-mail：

马属动物（马、驴）遗传资源生产性能登记表

编号：________________日期：__________年__________月__________日

地点：______省（自治区）______县（区、市）_____乡（镇）______村

联系人：________________________________联系方式：________________

<table>
<tr><td>品种名称</td><td></td><td>个体号</td><td></td><td>性别</td><td></td><td>月龄</td><td></td></tr>
<tr><td colspan="8">体尺及体重</td></tr>
<tr><td>体高(cm)</td><td></td><td>体长(cm)</td><td></td><td>胸围(cm)</td><td></td><td>管围(cm)</td><td></td></tr>
<tr><td>头长(cm)</td><td></td><td>颈长(cm)</td><td></td><td>胸宽(cm)</td><td></td><td>胸深(cm)</td><td></td></tr>
<tr><td>尻高(cm)</td><td></td><td>尻长(cm)</td><td></td><td>尻宽(cm)</td><td></td><td>体重(kg)</td><td></td></tr>
<tr><td colspan="8">生长性能</td></tr>
<tr><td>初测日期</td><td></td><td>终测日期</td><td></td><td rowspan="2">日增重(kg)</td><td rowspan="2" colspan="3"></td></tr>
<tr><td>初始重(kg)</td><td></td><td>末体重(kg)</td><td></td></tr>
<tr><td colspan="8">屠宰性能及肉品质</td></tr>
<tr><td>屠宰月龄(月)</td><td></td><td>宰前活重(kg)</td><td></td><td>胴体热重(kg)</td><td></td><td>屠宰率(%)</td><td></td></tr>
<tr><td>净肉重(kg)</td><td></td><td>骨肉比(%)</td><td></td><td>脏器指数</td><td></td><td>肋骨对数</td><td></td></tr>
<tr><td>脊椎数</td><td></td><td>屠宰pH</td><td></td><td>极限pH</td><td></td><td>大理石纹</td><td></td></tr>
<tr><td>滴水损失率(%)</td><td></td><td>熟肉率(%)</td><td></td><td>肉色</td><td></td><td>肌肉脂肪</td><td></td></tr>
<tr><td colspan="8">乳用性能</td></tr>
<tr><td>日挤乳量(kg)</td><td></td><td>泌乳期天数(d)</td><td></td><td colspan="2">干物质(%)</td><td colspan="2"></td></tr>
<tr><td>月挤乳量(kg)</td><td></td><td>乳脂率(%)</td><td></td><td colspan="2">乳蛋白率(%)</td><td colspan="2"></td></tr>
<tr><td colspan="8">繁殖性能</td></tr>
<tr><td>性成熟年龄(月)</td><td></td><td>初配年龄(月)</td><td></td><td>利用年限(a)</td><td></td><td>哺乳期日增重(kg)</td><td></td></tr>
<tr><td>初生重(kg)</td><td></td><td>妊娠期(d)</td><td></td><td>发育周期(d)</td><td></td><td>驹断奶成活率(%)</td><td></td></tr>
<tr><td>断奶重(kg)</td><td></td><td>产驹数</td><td></td><td>发情季节</td><td></td><td>驹死亡率(%)</td><td></td></tr>
<tr><td>配种方式</td><td></td><td>总受胎率(%)</td><td colspan="2"></td><td>繁殖率</td><td colspan="2"></td></tr>
<tr><td rowspan="2">精液品质</td><td></td><td>阴囊围(cm)</td><td colspan="2">采精量(mL)</td><td>精子活力(%)</td><td colspan="2">精子密度(亿/mL)</td></tr>
<tr><td></td><td></td><td colspan="2"></td><td></td><td colspan="2"></td></tr>
</table>

记录人：　　　　　　　　电话：　　　　　　　　E-mail：

马属动物（马、驴）遗传资源体尺、体重汇总表

单位：cm，kg

序号	体高	体长	胸围	管围	头长	颈长	胸宽	胸深	尻高	尻宽	尻长	体重
1												
2												
3												
4												
5												
6												
7												
8												
9												
10												
11												
12												
13												
14												
15												
16												
17												
18												
19												
20												
21												
22												
23												
24												
25												
26												
27												
28												
29												
30												

记录人：　　　　　　　　　　电话：　　　　　　　　　　E–mail：

家兔遗传资源调查提纲

一、一般情况

1．品种名称　畜牧学名称、原名、俗名等。

2．类型　皮用型，毛用（细毛型、粗毛型），肉用型，兼用型，观赏型。

3．中心产区及分布

4．产区自然生态条件

（1）产区经纬度、地势、海拔。

（2）气候条件　气温（年最高、最低、平均），湿度，无霜期（起止日期），日照，降水量（降雨和降雪），雨季，风力等。

（3）水源及土质。

（4）农作物、饲料作物种类及生产情况。

（5）土地利用情况、耕地及草场面积。

（6）品种的适应性。

（7）近10年来生态环境变化情况。

二、品种来源与变化

1．品种来源　形成历史，流向。

2．群体数量　应分别说明保种群和生产利用数量（分公、母）。以调查年度上一年年底数为准。

3．选育情况　品系数及特点。

4．现有品种标准（注明标准号）及产品商标情况

5．近15～20年消长形势

（1）数量规模变化。

（2）品质变化大观。

（3）濒危程度　见附录2。

三、体型外貌

1．被毛特征　被毛及毛纤维颜色、长短、密稀。

2．外貌描述

（1）头部特征　头大小与形状。

（2）耳部特征　耳的大小、方向、形状、厚薄，耳毛分布、长短。

（3）眼部特征　眼的大小、眼球颜色。

（4）背腰特征　长短，宽窄，肌肉发育情况。

（5）腹部情况　松弛或紧凑有弹性。

（6）臀部情况　是否丰满、宽而圆。

（7）四肢特征　肢势是否端正，强壮有力，足底毛是否发达，肌肉发达情况（检查四肢时，可驱赶兔走动，观察步态是否轻快敏捷或有无跛行等表现）。

（8）躯干特征　前后躯发育情况，肌肉发育情况。

四、体尺和体重（12月龄）

1．体尺

（1）体长　用直尺量取鼻端到尾根的直线距离（cm）。

（2）胸围　在肩胛后缘绕胸廓一周的周径（cm）。

2．体重　称初生重，公、母兔1月龄（断奶）、3月龄、6月龄、8月龄及12月龄体重，以g计。

五、生产性能

1．产肉性能 培育品种在70日龄屠宰，地方品种在3月龄屠宰。

（1）胴体重

全净膛重：屠宰后，除去血、毛、皮、内脏、头、尾、前脚（腕关节以下）和后脚（跗关节以下）的胴体重。

半净膛重：指保留心、肝、肾等可食用的内脏在内的胴体重。

（2）屠宰率 胴体重占屠宰前活重（停食12h以上）的百分比。

屠宰率＝胴体重／屠宰前活重×100%

（用"半净膛"计算的应注明）

（3）日增重

断奶后至70日龄的平均日增重（g）。

断奶后至90日龄的平均日增重（g）。

（4）料肉比 断奶后至70日龄、断奶后至90日龄。

2．产毛性能

（1）产毛量 需测定年产毛量和单次产毛量。年产毛量是指12月龄以上成年兔全年实际剪毛量的累计重量。单次产毛量是指第三次剪毛量（8月龄），以g计。

（2）产毛率 指单位体重的产毛效力。

产毛率＝单次产毛量／剪毛后体重×100%

（3）毛料比 生产每千克毛所耗标准料重（含水15%的粒料重或草料重）。

（4）毛长 取十字部、臀部、体侧部和腹部的毛样进行分析，以cm为单位。

（5）细度 测粗毛和绒毛的直径，以μm为单位。取十字部、臀部、体侧部和腹部的毛样进行分析。

（6）毛密度 单位皮肤面积所含毛纤维根数（根／cm^2）。取十字部、臀部、体侧部和腹部的毛样进行分析。

（7）粗毛率 粗毛和两型毛重占毛样重的百分率。取十字部、臀部、体侧部和腹部的毛样进行分析。

(8) 强伸度 用强度仪测粗毛和绒毛的强度和伸度。取十字部、臀部、体侧部和腹部的毛样进行分析。

(9) 其他 结块率。

3. 毛皮品质 日龄为第一次换毛后（5 ~ 6月龄）和成年兔。

(1) 毛长 以cm为单位。取十字部、臀部、体侧部和腹部的毛样进行分析。

(2) 细度 测粗毛和绒毛的直径，以μm为单位。取十字部、臀部、体侧部和腹部的毛样进行分析。

(3) 毛密度 单位皮肤面积所含毛纤维根数（根/cm^2）。取十字部、臀部、体侧部和腹部的毛样进行分析。不容易测量，建议统一测定。

(4) 粗毛率 粗毛和两型毛重占毛样重的百分率。取十字部、臀部、体侧部和腹部的毛样进行分析。

(5) 被毛平整度 有无粗毛突出被毛表面。

(6) 皮板面积 以颈部缺口间至尾根为长，选腰间适当部位为宽，两者相乘，单位为cm^2。

(7) 皮板厚度 用游标卡尺测十字部、臀部、体侧部和腹部的皮层厚度，单位为mm。

六、繁殖性能

1. 性成熟期（月龄）

2. 适配年龄（月龄）

3. 妊娠期（d）

4. 窝重 初生窝重、21日龄窝重、断奶窝重，单位为g（指2胎以后）。

5. 窝产仔数 一窝实际的产仔数（其中包括死胎、畸形在内）（指2胎以后）。

6. 窝产活仔数 一窝所产下活的仔兔数（指2胎以后）。

7. 断奶仔兔数 断奶时成活的仔兔数（指2胎以后）。

8．仔兔成活率　指断奶时仔兔数相当于产活仔兔数的百分率。

仔兔成活率＝断奶仔兔数／窝产活仔数×100%

七、饲养管理

饲喂情况：精料量及日粮组成。

青草或干草饲喂量：指成年兔，单位为g/（只·d)。

八、品种保护和研究利用

（1）是否进行过生化或分子遗传测定（何单位何年度测定的)。

（2）是否建有保种场，是否提出过保种和利用计划。

（3）是否建立了品种登记制度（何年开始，何单位负责)。

九、对品种的评估

该品种主要遗传特点和优缺点，可供研究、开发和利用的主要方向。

十、影像资料

拍摄能反映品种特征的公、母个体照片，能反映所处生态环境的群体照片，见附录1。

十一、附录

附有关本品种历年来的试验和测定报告。如果材料较多，列出正式发表的文章名录及摘要。

兔体重、体尺调查表

品种名：　　　　　　　　地点：　　省　　县（市）　　乡（镇）　　村

编　号	性　别	日　龄	体长（cm）	胸围（cm）	体重（g）
1					
2					
3					
4					
5					
6					
7					
8					
9					
10					
11					
12					
13					
14					
15					
平均值					
标准差					

记录人：　　　　联系电话：　　　　　　日期：　　年　　月　　日

兔生长及屠宰性能测定记录表

品种名：　　　　　　　　地点：　　省　　县（市）　　乡（镇）　　村

编号	性别	日龄	屠宰前体重（g）	全净膛重（g）	半净膛重（g）	断奶至70日龄日增重（g）	断奶至90日龄日增重（g）	断奶至70日龄料肉比	断奶至90日龄料肉比	屠宰率（%）
1										
2										
3										
4										
5										
6										
7										
8										
9										
10										
11										
12										
13										
14										
15										
平均值										
标准差										

记录人：　　　　联系电话：　　　　日期：　　年　　月　　日

兔繁殖性能调查表

品种名：　　　　　　　　　　　地点：　　　省　　　县（市）　　　乡（镇）　　　村

编号	性成熟期（月）	配种月龄	妊娠期（d）	窝产仔数	窝产活仔数	断奶仔兔数	初生窝重（g）	21日龄窝兔数	21日龄窝重（g）	断奶窝重（g）	断奶日龄（d）	乳头数
1												
2												
3												
4												
5												
6												
7												
8												
9												
10												
11												
12												
13												
14												
15												
平均值												
标准差												

记录人：　　　　　　联系电话：　　　　　　　　　　日期：　　　年　　月　　日

兔毛皮性能测定记录表

品种名：　　　　　　　　地点：　　省　　县（市）　　乡（镇）　　村

编号	日龄	性别	年产毛量(g)	单次产毛量(g)	产毛率(%)	细度(μm)		毛长(cm)	毛密度(根/cm^2)	粗毛率(%)	强度		伸度		皮板面积(cm^2)	皮板厚度(mm)	结块率(%)
						粗毛	绒毛				粗毛	绒毛	粗毛	绒毛			
1																	
2																	
3																	
4																	
5																	
6																	
7																	
8																	
9																	
10																	
11																	
12																	
13																	
14																	
15																	
平均值																	
标准差																	

记录人：　　　　联系电话：　　　　　　日期：　　年　　月　　日

骆驼遗传资源调查提纲

一、一般情况

1．品种名称　畜牧学名称、原名、俗名等。

2．中心产区及分布

3．产区自然生态条件

（1）地势、海拔、经纬度。

（2）气候条件　气温（年最高、最低、平均），湿度，无霜期（起止日期），降水量（降雨和降雪），雨季，风力等。

（3）水源及土质。

（4）土地利用情况，粮食作物、饲料作物及草地面积。

（5）农作物、饲料作物种类及生产情况。

（6）品种的适应性及抗病能力。

（7）近10年来生态环境变化情况。

二、品种来源与变化

1．品种来源　形成历史，流向。

2．群体数量　调查年度上一年年底数。

（1）基础母驼数。

（2）配种公驼数。

（3）未成年及哺乳驼羔公、母数。

3．近15～20年消长形势

（1）数量规模变化。

（2）品质变化大观。
（3）濒危程度　见附录2。

三、体型外貌

1．体型特征　体质是否结实，结构是否匀称。
2．头部特征　头是清秀还是粗重，眼睛大小，耳大小、形状。
3．颈部特征　头颈结合情况，颈肩背结合情况，长短厚薄等。
4．驼峰类型
5．胸部特征　宽度、深度及平扁程度。
6．腹部特征　大小，是否下垂。
7．背腰特征　平直，凹，凸，长，短。
8．尻部特征　肌肉发育，尻向等。
9．四肢特征　是否端正、粗壮或纤细，关节是否结实，蹄质及系部长短和角度。
10．毛色特点

四、体尺和体重

1．成年公驼体尺及体重
（1）体高　前峰后缘到地平面的垂直距离。
（2）体长　肩峰到臀部端的直线距离（测杖）。
（3）胸围　肩峰后缘绕胸角质垫后缘的周长。
（4）管围　左前肢管部最细处的周长。
（5）被毛采样部位　肩胛冈中部2cm×2cm。
（6）体重　公（kg）。
2．成年母驼体尺及体重（同公驼）
3．体态结构
（1）体长指数

$$体长指数=体长/体高\times 100\%$$

（2）胸围指数

胸围指数＝胸围／体高 ×100%

（3）管围指数

管围指数＝管围／体高 ×100%

五、生产性能

1．役用 可乘、挽、驮每日小时数，驾车载重吨数，驮运千克数。行程数，耕地公顷数。

2．产毛量

（1）青年驼产毛量（kg）。

（2）成年驼产毛量（kg）。

3．屠宰率 成年驼屠宰率、净肉率。

4．产乳性能 泌乳期（500d）产乳量。

六、繁殖性能

1．性成熟年龄

2．适配年龄

3．一般利用年限

4．发情季节

5．发情周期

6．怀孕期

7．幼驼初生重、幼驼断奶重 公、母（kg）。

8．幼驼成活率

成活率＝断奶时成活幼驼数／出生幼驼数 ×100%

9．幼驼死亡率

死亡率＝断奶时死亡幼驼数／出生幼驼数 ×100%

10．人工授精受胎率

七、饲养管理

1. 方式　成年驼与幼驼分别叙述。

（1）放牧　一年之内在任何季节。

（2）季节性放牧。

2. 补饲情况

3. 是否易管理

八、品种保护和研究利用

（1）是否进行过生化或分子遗传测定（何单位何年度测定的）。

（2）是否建有保种场，是否提出过保种和利用计划。

（3）是否建立了品种登记制度（何年开始，何单位负责）。

九、对品种的评估

该品种主要遗传特点和优缺点，可供研究、开发和利用的主要方向。

十、影像资料

拍摄能反映品种特征的公、母个体照片，能反映所处生态环境的群体照片，见附录1。

十一、附录

附有关本品种历年来的试验和测定报告。如果材料较多，列出正式发表的文章名录及摘要。

鹿遗传资源调查提纲

一、一般情况

1. 品种名称　畜牧学名称、原名、俗名等。

2. 主产区及分布

3. 产区自然生态条件

(1) 地势、海拔、经纬度。

(2) 气候条件　气温、湿度、无霜期、降水量、雨季、风力等。

(3) 水源和土质。

(4) 土地利用情况　粮食作物、饲料作物及草地面积。

(5) 农作物、饲料作物种类及生产。

(6) 品种的适应性。

(7) 鹿茸及副产品（肉、皮、血、鞭、尾等）销售情况。

二、品种来源与变化

1. 品种来源　形成历史和流向。

2. 存栏数　调查年度上一年年底数。

(1) 母鹿数量　其中经产母鹿数，育成母鹿数。

(2) 公鹿数量　其中种公鹿留种数，生产公鹿数。

(3) 育成鹿数。

三、体型外貌

1. 体型特征　体质是否结实，结构是否匀称，体格大小等。

2. 头部特征　按公、母鹿分别描述头、额、面、鼻、耳、眼等。

3. 夏毛颜色

4. 茸的形状　描述眉枝及长度、分杈、主干、茸头长、茸皮颜色，畸形。

5. 颈、肩、背特征　头颈躯干衔接，鬐甲高低、宽窄，背长短适中及是否平直。

6. 四肢特征　四肢是否粗壮端正，关节是否结实，蹄质颜色及是否坚实。

7. 骨骼及肌肉发育情况　骨骼是否粗壮结实，肌肉发育丰满、欠丰满还是适中。

8. 乳房、乳头及外生殖器

9. 尾部特征　尾的形状、大小、长短，尾斑颜色及形状。

四、体尺和体重

1. 成年公鹿体尺及体重

（1）体高　鬐甲最高点到地平面的距离。

（2）体斜长　由肩端前缘到臀端的直线距离。

（3）胸围　在肩胛骨后角垂直绕一周的胸部围长度。

（4）管围　在左前腿（腕前骨）上1/3下端（最细处）的周长度。

（5）体重　公（kg）。

2. 成年母鹿体尺及体重　同公鹿。

3. 体态结构

（1）体长指数

体长指数＝体长／体高 ×100%

（2）胸围指数

胸围指数＝胸围／体高 ×100%

（3）管围指数

管围指数＝管围／体高 ×100%

五、生产性能

1. 产茸性能

（1）初角茸　冒桃时间、冒桃日龄，初角茸围度。

（2）上锯公鹿产茸性能（三杈茸）　主干长度及围度、眉枝长度及围度、嘴头长度及围度。

（3）鲜干比。

（4）产茸高峰期　以年龄计。

（5）产茸利用年限。

（6）畸形率。

2. 产肉性能

（1）成年或18月龄公鹿屠宰前体重。

（2）成年或18月龄母鹿屠宰前体重。

（3）成年或18月龄公、母鹿胴体重。

（4）屠宰率

屠宰率＝（胴体重＋内脏脂肪）／宰前体重×100%

（5）净肉率

净肉率＝净肉重／宰前体重×100%

（6）大腿肌肉厚度　大腿体表至股骨体中点的垂直距离。

（7）腰部肌肉厚度　第三腰椎体表至横突的垂直距离。

（8）骨肉比

骨肉比＝全部骨骼重／净肉重

（9）眼肌面积　第12根肋骨后缘用硫酸纸描绘眼肌面积（2次），用求积仪或方格计算纸求出眼肌面积（cm^2）或用下列公式：

眼肌面积（cm^2）＝眼肌高度×眼肌宽度×0.7

六、繁殖性能

1. 性成熟年龄　公、母鹿分别统计（按月龄计）。

2. 配种年龄　公、母鹿分别统计（按月龄计）。

3. 种公、母鹿种用年限

4. 配种方式　一个配种季节每只公鹿配母鹿数。

5. 发情季节

6. 发情周期

7. 怀孕期

8. 胎产仔数

9. 仔鹿初生重（kg）

10. 仔鹿断乳重（kg）

11. 哺乳期日增重（g）

12. 鹿只成活数　断奶时仔鹿、年末幼鹿。

13. 鹿只成活率　分断奶成活率和年末成活率。

断奶仔鹿成活率 = 断奶时成活仔鹿数 / 出生仔鹿数 ×100%

年末幼鹿成活率 = 年末成活幼鹿数 / 出生仔鹿数 ×100%

14. 仔鹿死亡率

死亡率 = 断奶时死亡仔鹿数 / 出生仔鹿数 ×100%

15. 公鹿是否用于人工授精

16. 公鹿精液品质　排精量、密度、活力。

17. 精液是否进行冷冻，受胎效果

七、饲养管理方式（成年与仔鹿分别叙述）

1. 饲养方式

（1）圈养（一年之内在任何季节）。

（2）季节性放牧。

（3）全年放牧。

（4）补饲情况　精饲料、粗饲料种类及日粮配方。

2. 舍饲情况　饲料种类及喂给量，日粮配方：精料、秸秆类、青贮类。

3. 是否易管理　有无难产情况、原因。

八、品种保护和研究利用

(1) 是否进行过生化或分子遗传测定（何单位何年度测定的）。

(2) 是否建有保种场，是否提出过保种和利用计划。

(3) 是否建立了品种登记制度（何年开始，何单位负责）。

九、对品种的评估

该品种主要遗传特点和优缺点，可供研究、开发和利用的主要方向。

十、影像资料

拍摄能反映品种特征的公、母个体照片，能反映所处生态环境的群体照片，见附录1。

十一、附录

附有关本品种历年来的试验和测定报告。如果材料较多，列出文章名录及摘要。

狐(貉）遗传资源调查提纲

一、一般情况

1．品种名称　畜牧学名称、原名、俗名等。

2．品种来源及主要分布

3．产区自然生态条件

（1）产区经纬度、地势、海拔。

（2）气候条件　气温（年最高、最低、平均），湿度，无霜期（起止日期），日照，降水量（降雨和降雪），雨季，风力等。

（3）水源及土质。

（4）当地动物性饲料、农作物种类及生产情况。

（5）品种的适应性。

（6）狐（貉）副产品销售情况。

二、品种来源与变化

1．品种来源　形成历史和流向。

2．存栏数　调查年度上一年年底数。

（1）母畜数量　其中经产母畜数、育成畜数。

（2）公畜数量　其中种公畜留种数、生产公畜数。

（3）育成畜数。

三、体型外貌

1．被毛特征　被毛色泽及分布，光泽及长度。

2. 外貌描述

（1）头部特征　包括头、耳、眼睛的特点及颜色等。

（2）体躯特征　胸宽深或窄浅情况。

（3）背腰特征　宽广、平直、肌肉是否丰满。

（4）腹部情况　松弛或紧凑有弹性。

（5）四肢特征　姿势是否端正、强壮，颜色。

（6）躯干特征　骨骼及肌肉发育情况：骨骼是否粗壮结实，肌肉发育丰满或欠丰满。

（7）尾部特征　尾长短，尾毛颜色（赤狐类应描述尾尖毛色）。

四、体尺及体重

1. 体尺（11月末）

（1）体长　用直尺量取鼻端到尾根的直线距离（cm）。

（2）腹围　沿体长1/2处绕腹一周的周径（cm）。

2. 体重　公、母狐50日龄（断奶）、3月龄、6月龄、11月龄末体重，以g计。

五、生产性能

1. 日增重　断奶后至3月龄的平均日增重、断奶后至6月龄的平均日增重，以g计。

2. 毛皮品质

（1）针绒毛长度　以cm为单位。取十字部、臀部、体侧部的毛样进行分析。

（2）针绒毛细度　测粗毛和绒毛的直径，以μm为单位。取十字部、臀部、体侧部的毛样进行分析。

（3）针绒毛毛密度　单位皮肤面积所含毛纤维根数（根/cm^2）。取十字部、臀部等部位的毛样进行分析。

（4）被毛丝状感　用手测被毛的光滑度，或用显微镜测针绒毛鳞片。

（5）光泽度　在检质灯下，用肉眼观察被毛的光泽性。

（6）皮张尺码　测量鼻尖至尾根的长度（必须使用标准楦板），单位为cm^2。

（7）毛色　描述被毛颜色（以背部毛色为主），具有花斑特征的要重点描述。

六、繁殖性能

1. 发情期（月龄）
2. 受配月龄（月龄）
3. 妊娠期（d）
4. 窝重　20日龄窝重（g）。
5. 窝产仔数　一窝实际的产仔数（其中包括死胎、畸形在内）。
6. 窝产活仔数　一窝所产下的活仔狐数。
7. 成活率　分断奶成活率和年末成活率。

断奶成活率＝断奶仔狐数／窝产活仔数×100%

年末成活率＝年末幼狐数／窝产活仔数×100%

8. 公狐配种能力　在一个情期内，与公狐配种并受孕的母狐数（以复配一次计算）。
9. 公母比　公、母种狐的留种数量比。

七、饲养管理

（1）饲喂情况　动物性饲料给量及日粮组成。

（2）日饲喂量　指育成期狐，单位为g/（只·d）。

八、品种保护和研究利用

(1)是否进行过生化或分子遗传测定（何单位何年度测定的）。

(2)是否建有保种场，是否提出过保种和利用计划。

(3)是否建立了品种登记制度（何年开始，何单位负责）。

九、对品种的评估

该品种主要遗传特点和优缺点，可供研究、开发和利用的主要方向。

十、影像资料

拍摄能反映品种特征的公、母个体照片，能反映所处生态环境的群体照片，见附录1。

十一、附录

附有关本品种历年来的试验和测定报告。如果材料较多，列出正式发表的文章名录及摘要。

水貂遗传资源调查提纲

一、一般情况

1. 品种名称　畜牧学名称、原名、俗名等。
2. 品种来源及主要分布
3. 产区自然生态条件
(1) 产区经纬度、地势、海拔。
(2) 气候条件　气温（年最高、最低、平均），湿度，无霜期（起止日期），日照，降水量（降雨和降雪），雨季，风力等。
(3) 水源及土质。
(4) 当地动物性饲料、农作物种类及生产情况。
(5) 品种的适应性。

二、品种来源与变化

1. 品种来源　形成历史和流向。
2. 存栏数　调查年度上一年年底数。
(1) 母畜数量　其中经产母畜数、育成母畜数。
(2) 公畜数量　其中种公畜留种数、生产公畜数。
(3) 育成畜数。

三、体型外貌

1. 被毛特征　被毛色泽及被毛整齐度。

2．外貌描述

（1）头部特征　包括头、耳、眼睛特点等。

（2）体躯特征　胸宽深或窄浅情况。

（3）背腰特征　宽广、平直、肌肉是否丰满。

（4）腹部情况　松弛或紧凑有弹性。

（5）四肢特征　姿势是否端正、强壮。

（6）躯干特征　骨骼及肌肉发育情况，骨骼是否粗壮结实，肌肉发育丰满或欠丰满。

（7）尾部特征　尾长短及尾毛。

（8）白斑　有无白斑。

四、体尺和体重

1．体尺（12月上旬）

（1）体长　用直尺量取鼻端到尾根的直线距离（cm）。

（2）腹围　沿体长1/2处绕腹一周的周径（cm）。

2．体重　公、母水貂45日龄（断奶）、3月龄、6月龄、12月初体重，以g计。

五、生产性能

1．日增重　断奶后至3月龄的平均日增重、断奶后至5月龄的平均日增重，以g计。

2．毛皮品质

（1）针绒毛长度　以mm为单位。取十字部、臀部、体侧部和腹部的毛样进行分析。

（2）针绒毛长度比。

（3）细度　测针毛和绒毛的直径，以μm为单位。取十字部、臀部、体侧部和腹部的毛样进行分析。

（4）毛密度　单位皮肤面积所含毛纤维根数（根/cm^2）。取十字部、臀部、体侧部的毛样进行分析。

（5）背腹毛差异　用肉眼及手感判定背部和腹部被毛的差异。

（6）毛丝状感及丰满度　用手测被毛。

（7）光泽性　肉眼观察，或用显微镜测针绒毛鳞片结构。

（8）皮张尺码　以鼻尖至尾根为长（必须使用标准楦板），单位为cm^2。

（9）毛色　描述被毛颜色。

六、繁殖性能

1. 留种母貂数　母貂留种总数。
2. 受配母貂数　发情并接受配种母貂数。
3. 妊娠期　单位为d。
4. 产仔母貂数　受孕并产仔的母貂数。
5. 窝产仔数　一窝实际的产仔数（其中包括死胎、畸形在内）。
6. 仔貂重　初生重（窝重）、断奶（45日龄）重，单位为g。
7. 产活仔数　一窝所产下活的仔水貂数。
8. 成活率　分断奶成活率和年末成活率。

　　断奶成活率＝断奶仔貂数／窝产活仔数×100%

　　年末成活率＝年末幼貂数／窝产活仔数×100%

9. 公母貂比例　公、母种貂留种数量比例。

七、饲养管理

1. 饲喂情况　日粮配方、日饲料给量、日饲喂次数。
2. 日饲喂量　指育成期水貂，单位为g/（只·d）。

八、品种保护和研究利用

（1）是否进行过生化或分子遗传测定（何单位何年度测定的）。

（2）是否建有保种场，是否提出过保种和利用计划。

（3）是否建立了品种登记制度（何年开始，何单位负责）。

九、对品种的评估

该品种主要遗传特点和优缺点，可供研究、开发和利用的主要方向。

十、影像资料

拍摄能反映品种特征的公、母个体照片，能反映所处生态环境的群体照片，见附录1。

十一、附录

附有关本品种历年来的试验和测定报告。如果材料较多，列出正式发表的文章名录及摘要。

蜜蜂遗传资源调查提纲

一、一般情况

1. 遗传资源名称

2. 中心产区及分布

3. 产区自然生态条件

（1）产区地势、海拔。

（2）气候条件　气温（年最高、最低、平均），湿度，无霜期（起止日期），日照，降水量，雨季，风力等。

（3）蜜源条件　主要蜜源，辅助蜜源（蜜源种类、分布范围及面积、花期起止时间）。

（4）水源和土质。

（5）品种的适应性及疾病感染情况。

二、品种来源与变化

1. 品种来源　品种形成历史。

2. 群体数量　调查年度上一年年底饲养数量。

3. 繁殖情况

（1）群体繁殖　群均年分群量。

（2）个体增殖　最小群势、最大群势。

（3）每群维持子脾数量　以标准巢脾80%面积为一张子脾计算。

（4）子脾密实度　繁殖期在1张蛹脾上测1 000个巢房，分别计算封盖蛹房数、空巢房数和蛹房占总巢房百分数。

4. 濒危程度　见附录2。

三、体型外貌

1. 体色

(1) 蜂王体色。

(2) 雄蜂体色。

2. 工蜂主要形态鉴定指标

工蜂吻长（mm）
工蜂右前翅长 FL（mm）
工蜂右前翅宽 FB（mm）
工蜂肘脉指数
工蜂前翅翅脉角 A4（°）
工蜂前翅翅脉角 B4（°）
工蜂前翅翅脉角 D7（°）
工蜂前翅翅脉角 E9（°）
工蜂前翅翅脉角 J10（I10）（°）
工蜂前翅翅脉角 L13（°）
工蜂前翅翅脉角 J16（I16）（°）
工蜂前翅翅脉角 G18（°）
工蜂前翅翅脉角 K19（°）
工蜂前翅翅脉角 N23（°）
工蜂前翅翅脉角 O26（°）
工蜂后翅钩数 Nh(个)
工蜂右后足胫节长 Ti（mm）
工蜂右后足股节长 Fe（mm）
工蜂右后足基跗节长 ML（mm）
工蜂右后足基跗节宽 MT（mm）
工蜂第3背板长 T3（mm）
工蜂第4背板长 T4（mm）
工蜂第4背板绒毛带长度 4A（mm）

工蜂第4背板绒毛带至光滑底缘的长度 4B（mm）
工蜂第5背板绒毛长度 5h（mm）
工蜂第3腹板长度 S3（mm）
工蜂第3腹板蜡镜长 WL（mm）
工蜂第3腹板蜡镜宽（蜡镜间距离） WD（mm）
工蜂第3腹板蜡镜斜长 WT（mm）
工蜂第6腹板长度 L6（mm）
工蜂第6腹板宽度 T6（mm）
工蜂第2背板色度 P2
工蜂第3背板色度 P3
工蜂第4背板色度 P4
工蜂小盾片Sc区（中胸背板小盾片圆形区域）色度
工蜂小盾片K区（小盾片圆形区域下方巩膜区域）色度
工蜂小盾片B区（小盾片圆形区域横向侧方三角区域）色度
工蜂上唇色度 PL1
工蜂唇基色度 PL2

四、生产性能

产蜜量：群产蜜量、各主要流蜜期的蜂蜜群均产量、全年群产蜜量。

五、蜂群生物学特性

1. 育虫节律 陡、缓、中。
2. 越冬越夏蜂群群势削弱率 越冬越夏期死亡蜂数占越冬越夏总蜂数百分比。
3. 温驯性 温和、暴躁、中。
4. 盗性及防盗性
5. 抗病性能 抗何病，易感何病。

六、饲养管理方式

1. 蜂群放养方式

(1) 定地饲养群数。

(2) 定地与小转地饲养群数。

(3) 转地饲养群数。

2. 蜂群饲养方式

(1) 箱养群数。

(2) 桶养群数。

(3) 其他方式饲养群数。

七、品种保护和研究利用

(1) 是否进行过生化或分子遗传测定（何单位何年度测定的）。

(2) 是否建有保种场，是否提出过保种和利用计划。

(3) 是否建立了品种登记制度（何年开始，何单位负责）。

八、对品种的评估

该品种主要遗传特点和优缺点，可供研究、开发和利用的主要方向。

九、影像资料

拍摄能反映品种特征的蜂王、雄蜂、工蜂个体照片，能反映所处生态环境的蜂场照片和蜜蜂群体活动照片。具体要求见附录1。

十、附录

附有关品种历年来的试验和测定报告。如果材料较多，列出正式发表的文章名录及摘要。

蜜蜂腹部背板色度标准

蜜蜂上唇色度标准

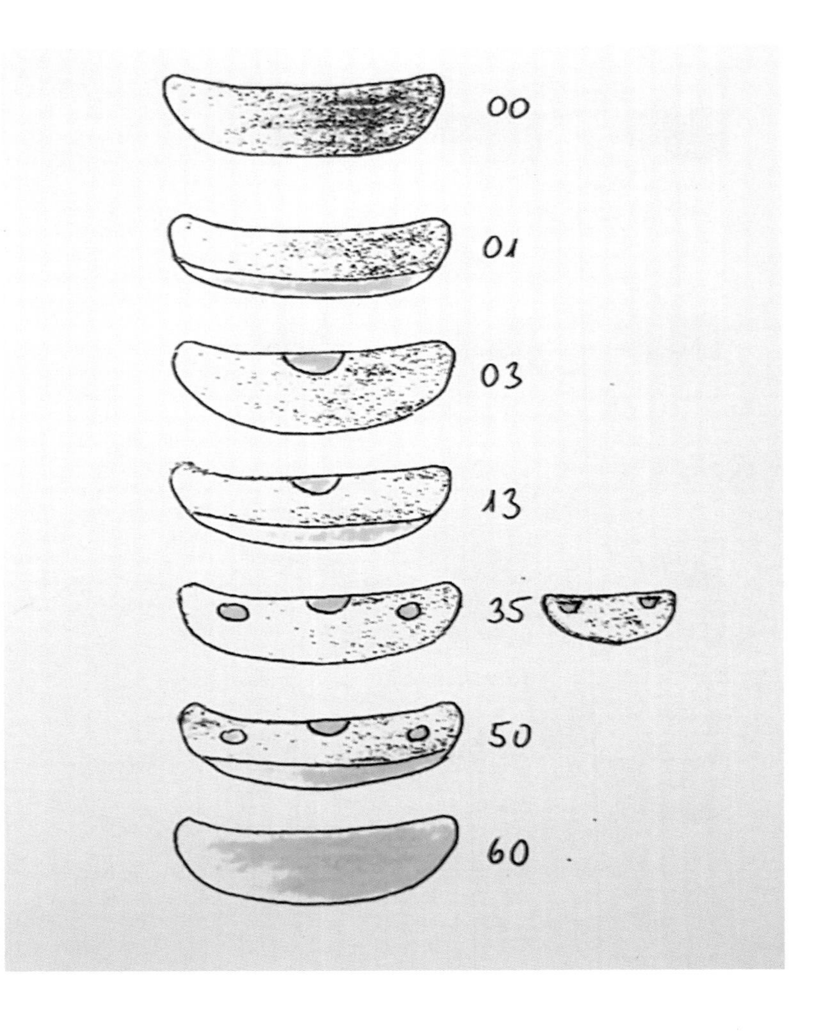

蜜蜂中胸小盾片色度标准（一）

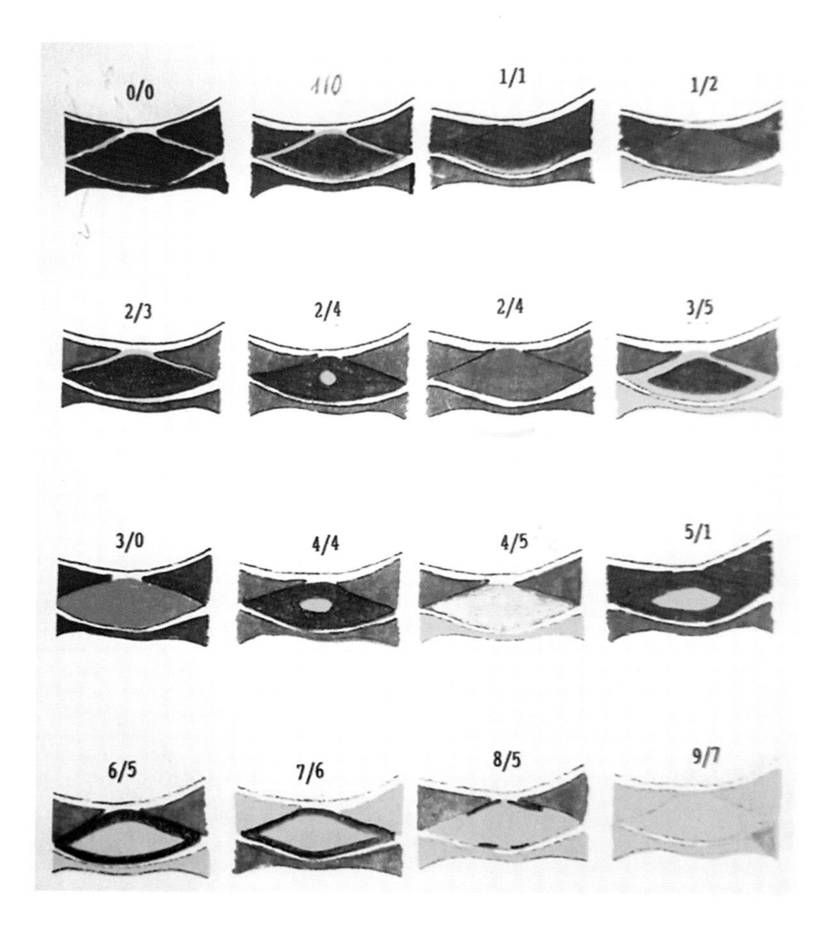

蜜蜂中胸小盾片色度标准（二）

级别	Sc	K	B
0	全黑	全黑	全黑
1	a：黑的边缘黄条带 b：或下缘黄条带 c：或全部深棕色	全黑	深棕
2	a：黑的上缘黄条带 b：黑的中心有小黄圈 c：全棕色	全黑	黄色
3	a：黑的四周比2＃ 稍粗的黄条带 b：全棕色	棕色	深棕
4	a：黑的四周比3＃ 稍大的黄圈 b：全浅棕色	棕色	棕色
5	黑的中间有比4＃ 更大黄圈	棕色	黄色
6	黄，边缘黑	黄色	黑色
7	黄，但比6＃ 少些黑圈	黄色	浅棕色
8	黄色，断续带黑条	黄色	黄色
9	全黄		

蜜蜂形态测定与分析系统图示

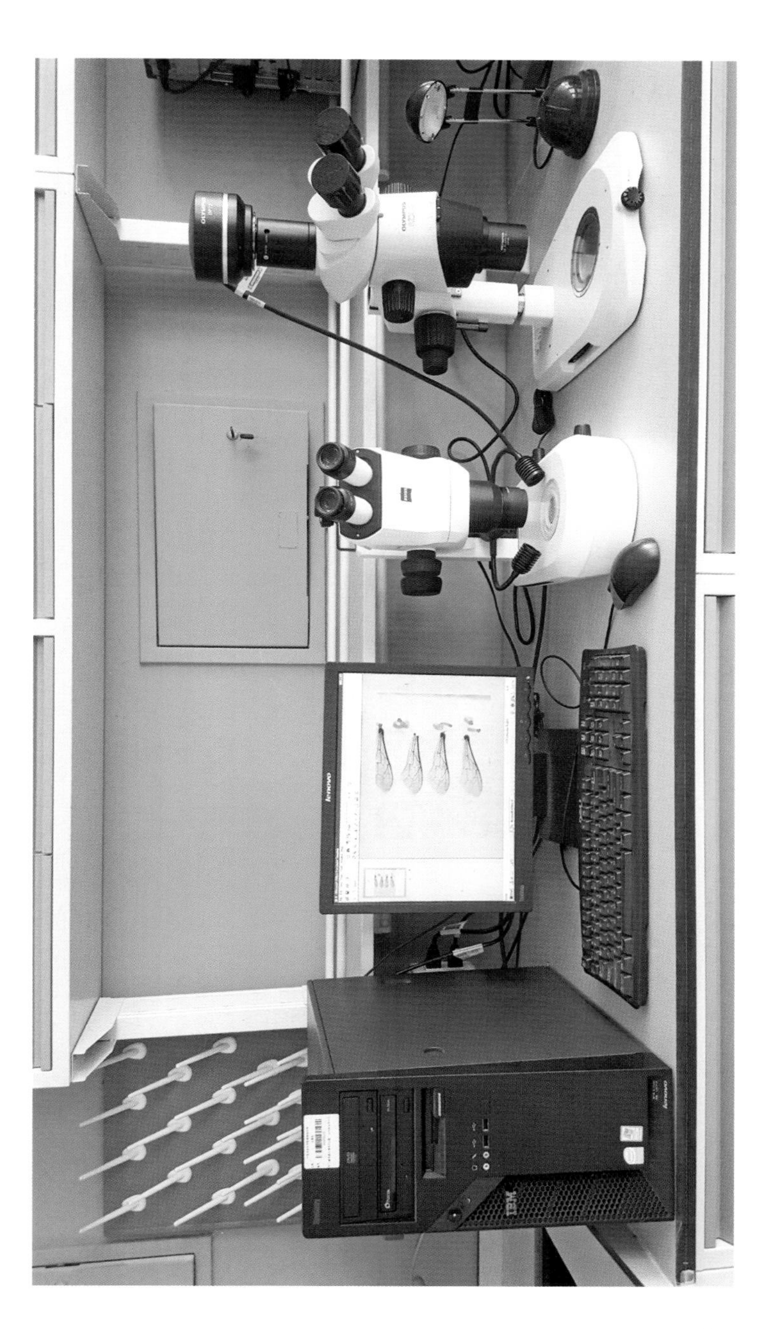

蜜蜂遗传资源调查表（一）

______省（自治区）______县（区、市）______ 乡（镇）______村

资源基本状况		
1	遗传资源名称	
2	分布区域	
3	来源	
4	产区自然生态条件	
5	群体数量及近十年来变化情况（群体数量变化、性能变化等）	
6	主要特征特性（评价、鉴定后填写）	
7	保护现状	
8	濒危状况	
9	开发利用情况等	
当地基本信息		
1	气候	
2	环境	
3	人口	
4	文化及社会经济发展状况等	
5	分析社会经济和环境变化对蜜蜂遗传资源变化的影响	
6	当地蜜蜂遗传资源的演变规律和发展趋势	

记录人： 联系电话： 日期： 年 月 日

蜜蜂遗传资源调查表（二、地方品种）

所在地：____省（自治区）____县（区、市）____乡（镇）_____村

人员信息		
1	蜂农姓名	
2	蜂农性别	
3	蜂农年龄	
4	蜂农电话	
5	调查人姓名	
6	调查人单位	
7	调查时间	
取样点信息		
1	总蜂群数（群）	
2	取样数量	
3	取样时周围蜜粉源情况	
4	取样时蜂群状态	1 繁殖期；2 断子期；3 生产期；4 其他（请注明）
环境信息		
1	县/州名称	
2	平均海拔（m）	
3	所属气候带	1 热带；2 亚热带；3 暖温带；4 温带；5 寒温带；6 寒带；
4	生境	1 山地；2 平原；3 丘陵；4 盆地；5 高原；
5	经度	
6	纬度	
7	年平均气温（℃）	
8	极端平均高温（℃）	
9	极端平均低温（℃）	

（续）

10	年平均降水量（mm）	
11	年平均湿度（%）	
12	蜂群的主要敌害	
13	蜂群的主要病害	
14	全年的主要蜜粉源	
15	全年的主要花期	
蜂群信息		
1	蜂种名称	
2	蜂种来源	1 收捕 2 购买
3	蜂种饲养数量	
生物学特性		
1	维持最大群势（框数）	
2		蜂群增长率：（1）高；（2）中；（3）低
3		分蜂性：（1）弱；（2）中；（3）强
4		越冬性：（1）强；（2）中；（3）弱
5		越夏性：（1）强；（2）中；（3）弱
6		迁徙性：（1）弱；（2）强
7		盗性：（1）强；（2）一般；（3）弱
8		温驯性：（1）好；（2）一般；（3）差
9	生产性能	采蜜力：（1）蜂蜜高产型；（2）蜂蜜标准型
10		采粉力：（1）花粉高产型；（2）花粉标准型
11		产蜡力：（1）蜂蜡高产型；（2）蜂蜡标准型
12	抗病性能	中囊病（烂子病）抗性：（1）强；（2）中；（3）弱
13	主要经济价值和利用情况	

记录人：　　　　　联系电话：　　　　　日期：　　年　　月　　日

蜜蜂遗传资源调查表（三、形态测定指标）

取样地：　　　　　　蜂种名称：　　　　　　测定群数：

蜂群的形态特征指标	
工蜂吻长（mm）	
工蜂右前翅长 F_L（mm）	
工蜂右前翅宽 F_B（mm）	
工蜂肘脉指数	
工蜂前翅翅脉角A4（°）	
工蜂前翅翅脉角B4（°）	
工蜂前翅翅脉角D7（°）	
工蜂前翅翅脉角E9（°）	
工蜂前翅翅脉角J10（I10）（°）	
工蜂前翅翅脉角L13（°）	
工蜂前翅翅脉角J16（I16）（°）	
工蜂前翅翅脉角G18（°）	
工蜂前翅翅脉角K19（°）	
工蜂前翅翅脉角N23（°）	
工蜂前翅翅脉角O26（°）	
工蜂后翅钩数 Nh（个）	
工蜂右后足胫节长 Ti（mm）	
工蜂右后足股节长 Fe（mm）	
工蜂右后足基跗节长ML（mm）	
工蜂右后足基跗节宽 MT（mm）	
工蜂第3背板长T3（mm）	
工蜂第4背板长T4（mm）	
工蜂第4背板绒毛带长度 4A（mm）	
工蜂第4背板绒毛带至光滑底缘的长度 4B（mm）	
工蜂第5背板绒毛长度 5h（mm）	
工蜂第3腹板长度 S3（mm）	
工蜂第3腹板蜡镜长　WL（mm）	

（续）

蜂群的形态特征指标		
工蜂第3腹板蜡镜宽(蜡镜间距离) WD（mm）		
工蜂第3腹板蜡镜斜长 WT（mm）		
工蜂第6腹板长度 L6（mm）		
工蜂第6腹板宽度 T6（mm）		
工蜂第2背板色度 P2		
工蜂第3背板色度 P3		
工蜂第4背板色度 P4		
工蜂小盾片Sc区色度		
工蜂小盾片K区色度		
工蜂小盾片B区色度		
工蜂上唇色度 PL1		
工蜂唇基色度 PL2		
蜂群的遗传指标		
是否进行了与生产相关的QTL分析	是	否
是否进行了分子遗传学分析	是	否
主要分析技术（mtDNA，DNA）：	RFLP；AFLP；基因组；其他	
分析结果：		

记录人：　　　　　　联系电话：　　　　　　日期：　　年　　月　　日

青藏高原区域畜禽遗传资源基本情况调查表

省（自治区）__________ 地区（州/市）__________ 县（市/区）__________ 调查单位：__________

品种名称	中心产区及分布区域	主产区自然生态条件	品种来源及发展	2008年年底		2018年年底		近10年来群体数量、品种内类群、性能等变化情况，是否濒危	保护现状等情况	开发利用情况	备注
				群体数量	主要特征特性（从体型外貌、生产性能、繁殖性能等方面描述）	群体数量	主要特征特性（从体型外貌、生产性能、繁殖性能等方面描述）				

填表说明：1.品种名称为地方畜禽品种名称或新发现需要进行调查的畜禽品种名称；2.中心产区及分布区域要具体到省区市、州县、乡镇等；3.群体数量为单品种全部的纯种群体的数量，如某品种近于濒危，要分别提供现有繁殖母畜和繁殖公畜的数量。濒危程度：根据FAO推荐标准判定，见附录2。4.保护现状为已建的保种场（保护区、基因库）的数量、名称及保护单位所在地和保护数量等；5.开发利用包括直接利用、杂交生产、培育新品种等方式，提供开发利用单位名称、所在地、利用方式、产品、年度效益等情况。

记录人： 联系电话： 日期： 年 月 日

青藏高原区县域基本情况调查表

<table>
<tr><td>填表人及单位</td><td></td><td>联系电话</td><td></td><td>时间</td><td>年 月 日</td></tr>
<tr><td>调查地点</td><td colspan="5">省（自治区） 地区（州/市） 县（市/区）</td></tr>
<tr><td>历史沿革</td><td colspan="5">（名称、地域、区划变化）：</td></tr>
<tr><td>行政区划</td><td colspan="5">县辖____个乡（镇）_____个村，县城所在地：______</td></tr>
<tr><td>地理系统</td><td colspan="5">县海拔范围____~ ____m，经度范围____ ~____，
纬度范围____~____，年均气温____℃，
年均降水量____mm</td></tr>
<tr><td rowspan="7">人口及民族状况</td><td colspan="5">总人口数____万人，其中农业人口____万人</td></tr>
<tr><td colspan="5">少数民族数量____个，其中人口总数排名前10的民族信息：</td></tr>
<tr><td colspan="5">民族______人口______万，民族______人口______万</td></tr>
<tr><td colspan="5">民族______人口______万，民族______人口______万</td></tr>
<tr><td colspan="5">民族______人口______万，民族______人口______万</td></tr>
<tr><td colspan="5">民族______人口______万，民族______人口______万</td></tr>
<tr><td colspan="5">民族______人口______万，民族______人口______万</td></tr>
<tr><td rowspan="3">土地状况</td><td colspan="5">县总面积______km^2，耕地面积______km^2</td></tr>
<tr><td colspan="5">草场面积______km^2，林地面积______km^2</td></tr>
<tr><td colspan="5">湿地（含滩涂）面积______km^2，水域面积______km^2</td></tr>
<tr><td rowspan="4">经济状况</td><td colspan="5">生产总值______万元，工业总产值______万元</td></tr>
<tr><td colspan="5">农业总产值______万元，粮食总产值______万元</td></tr>
<tr><td colspan="5">经济作物总产值______万元，畜牧业总产值______万元</td></tr>
<tr><td colspan="5">水产总产值______万元，人均收入______元</td></tr>
</table>

（续）

受教育情况	高等教育__%，中等教育___%，初等教育___%，未受教育___%
特有资源及利用情况	
当前农业生产存在的主要问题	
总体生态环境	自我评价：□优 □良 □中 □差
总体生活状况	自我评价：□优 □良 □中 □差
其他情况	

注：1. 采用国家统计局数据，调查数据以2018年年底的数字为准。

2. 年产值就是年销售收入加上自用产品价值的总和，单位：万元。

青藏高原区县域畜牧业情况调查表

填表人		联系电话		时间	年 月 日
联系单位					
本县待调查的畜禽遗传资源名称					
调查县（市/区）	______省（自治区）______地区（州/市）______县（市/区）				

畜种	存栏量	年出栏量	年产值（万元）	主要品种名称及经济用途
牦牛				
普通牛				
犏牛				
绵羊				
山羊				
猪				
鸡				
马				
驴				
驼				
兔				
鸭				
鹅				
蜜蜂				
水产				
其他				

注：1. 调查数据以2018年年底的数字为准。

2. 年产值就是年销售收入加上自用产品价值的总和，单位：万元。

附录 1
品种照片拍摄要求

品种照片是畜禽遗传资源普查过程中一个重要环节。好的品种照片能够真实、全面地反映该品种的所有外貌特征信息。

一、拍摄品种照片的基本要求

要拍摄好品种照片，首先必须对被拍摄的品种有一个充分的了解，全面认识品种的遗传特点；拍摄前再明确本品种要反映的几个基本特征。在此基础上，再进行拍摄知识的学习。这样，拍摄的照片就能够准确地反映品种的基本情况。

照片的数量要求是：每个品种要有公、母、群体照片各2张，如有不同品系（或不同年龄）的品种，必须按照每种各2张合格的照片，对特殊地理条件下生长的品种，还需附上2张以上能反映当地地理环境的照片。

拍摄好的照片，必须在照片的反面写清楚品种名称、性别、拍摄日期和种畜场名称、拍摄者姓名等；数码拍摄的照片要有相关配套文件说明。

品种照片拍摄时要注意以下几个方面：

1．体型外貌的基本特征 从表观分辨品种的重要方法是体型外貌，不同品种各自具有不同的特征，可以从毛色、体型、奶头数等方面加以区别。

一些品种具有多个品系，不同品系具有不同外貌特点时，需要分别进行拍摄。如江苏的狼山鸡有白羽和黑羽两个类型，这时应该将白羽和黑羽的公、母鸡分别拍摄。

在拍摄群体照片时，尽可能将本品种的不同外貌个体一次拍摄，在一张照片上反映出该品种不同外貌的组成和比例。

羊品种应该在剪毛或梳绒前拍摄，以反映被毛品质。

2．拍摄对象的年龄 一般要求被拍摄的对象应是成年畜禽，通常要求家畜年龄在1～2岁，家禽8～10月龄。非成年畜禽不能反映品种的基本情况，而过于老年的畜禽也不能包含畜禽应有的外貌。

如果品种具有特殊的外貌特征，可增加拍摄该时期的照片。

3. 个体站立的姿势　在拍摄个体照片时，站立的姿势十分重要。良好的站立姿势可全面反映畜禽的体型、体貌，包括四肢的长短、粗壮，主要肉用部位的丰满程度、角形、冠形、胡须等。几乎所有的品种都要求正、侧面对着拍摄者，呈自然站立状态，被拍摄的侧面对着阳光，同时要求避开风向，使被拍摄者的被毛自然贴身。表现出四肢站立自如，头颈高昂，使全身各部位应有的特征充分表现出来。拍摄者应站在拍摄对象体侧的中间位置。

4. 拍摄的背景　所拍摄照片的背景应能反映家畜与所处生态之间的联系。

二、相机的选择

品种照片的取得采用两种方法，一是使用数码相机，将照片的数据直接保存在电脑中，供编辑修改用；另一种是通过照片的扫描，将数据保存在电脑上使用。

相机的性能是拍好照片的基本条件，拍照用的相机必须具备调焦、电子显光等功能。

1. 普通相机　无论采用哪种相机，调焦是基本要求。这样才能保证拍出的照片清晰度好。对于调焦的范围，没有具体的规定，根据经验，一般不小于35 ~ 70mm，过小的调焦范围，通常影响拍摄图片的清晰度。

2. 数码相机　数码相机与普通相机一样，必须具备调焦功能。同时，图像的精度要求是400万像素以上。在拍摄时将效果放在高精度格上，这样拍摄照片的内存在1.2MB以上，基本上可供出版使用。

三、拍摄前准备工作

A. 最好在自然光下拍摄。选在天气晴朗、光线充足的室外进行拍摄，但假如条件限制必须在室内进行，那也要选择在晴朗的白天进行，让室内拥有足够光线。

如果上述条件都不允许的话，那只能使用闪光灯了，但使用DC内置的闪光灯，其效果一般并不理想，更重要的一点，在使用内置闪光灯之前，一定要打开相机的“防红眼”功能，否则拍出的动物个个都像兔子一样有“红眼”。只要有一丝可能，拍摄都不要安排在室内进行。

B．被拍摄对象附近没有阻碍物阻挡，如草丛、树枝等，要避免出现拍摄到的对象身体的部分被遮挡，比较需要注意的就是动物的脚，当地面较软或其他原因都可能造成畜禽脚拍摄不出应有的效果，这是品种照片拍摄最易出现的问题。另外，背景要与对象色泽有所差别，如动物皮肤为黑色，则不要选择在黑色土地上进行拍摄。

C．熟悉相机。对相机的性能参数有所了解，如拍摄模式／光圈／快门／焦距的配合等。一般来说，可以直接使用相机的自动模式来拍摄，这是最简单的方法，因为在拍摄过程中不必总是调节相机的各类参数。如果在光线不太好的环境中，需要使用手动模式的方法进行拍摄，可进行多次试验拍摄，直到找到满意的拍摄条件。

四、拍摄技巧

畜禽照片的拍摄最大难度是让畜禽听话。因此，要求拍摄者既要有爱心，又要细心，更要有耐心。

爱心是想办法讨它的“欢心”，可以让它熟悉的饲养员在身边，在拍照前喂它一些“吃的”或让饲养员站在旁边安抚一下，这样它可能会更好地“配合”你的镜头。

其次，就要从数码相机的LCD或普通相机的取景器中细心观察动物的每一个中意的瞬间，一旦发现，赶快按下快门进行拍摄；因为畜禽不会乖乖站在那里等着你去拍，很多时候你往往都是举着相机站在它旁边等候，为了能拍到一幅合格的照片，有时需要站在动物身旁等待1个多小时。因此，耐心是最重要的。掌握住以上三点，基本上就可以拍出合格的照片。

在为动物拍照时，你要不停地变换位置来寻找最佳的拍摄角度。一般情况下，拍摄者离动物2～5m，从正侧面拍摄动物全景。拍摄前先选择合适的角度与光线并设置好相机的各项参数。拍摄时，在取景框中通过变焦将被拍摄对象尽量放大（注意不要使用相机的“数码变焦”功能，因为会损害图像的质量）；另外，在拍摄的大多数时间里，先轻按快门对焦，然后再等待最佳的画面按下快门，这个方法在拍摄过程中比较常用。只是如果在半按快门后，动物移动了与镜头之间的距离，还需要再重新对焦。

附：拍照的基本常识

1. 光位的用法

（1）顺光　也叫做“正面光”，指光线的投射方向和拍摄方向相同的光线。在这样的光线下，被摄体受光均匀，景物没有阴影，色彩饱和，能表现丰富的色彩效果。但景物缺乏明暗反差，没有层次和立体感。

（2）逆光　也叫做背光，光线与拍摄方向相反，能勾勒出被摄物体的亮度轮廓，又称轮廓光。逆光下的景物层次分明，线条突出，画面生动，拍出的照片立体感和空间感强。因此，逆光最适合表现深色背景下的深色景物，是一种较为理想的光线，用它来捕捉剪影，效果不错。

（3）侧光　是指光线投射方向与拍摄方向大于0°小于90°的光线，侧光下的物体，明暗反差好，具有立体感，色彩还原好，影纹层次丰富，而其中又以45°的侧光为最佳，因为它符合人们的视觉习惯，是一种最常用的光位。

（4）顶光　是指光线来自被摄体的上方。顶光下，景物的水平面照度大于垂直面照度，缺乏中间层次，拍景物、人物显得没有生气，是一种不够理想的光线。

（5）低光　是指从地平面刚升起或将落下的太阳光线，主要来自早晨和黄昏。低光下拍出的景物十分生动，很有生气，而且这种光线色温低，呈暖红色调，具有特殊的色彩效果，是一种较理想的光线。

(6) 散射光　也称为假阴天光线，照度平均，光线柔和，光比小，色差小，在被摄体上没有明显的投影。

2. 拍摄角度　首先，摄影方向是指照相机与被摄对象在照相机水平面上的相对位置，也就是我们通常说的前、后、左、右或者正面、背面、侧面。当我们要开始拍照的时候，总是首先选择摄影点，也就是选择摄影方向。确定了方向之后再确定摄影的角度。摄影方向发生了变化，画面的形象特点和意境也都会随之改变。

(1) 正面拍摄　正前方拍摄有利于表现对象的正面特征，能把横向线条充分地展现在画面上。这种正面的拍摄容易显示庄严、静穆的气氛以及物体的对称结构。正面拍摄，由于被摄对象的横向线条容易与取景框的水平边框平行，同时如果主体画面面积很大，则容易被主体横线封锁，使视线没有办法纵深伸展。这样的构图会显得呆板，缺少立体感和空间感。

(2) 背面拍摄　背面拍摄是相机在被摄体的正后方。这种方向拍摄常用于主体被拍摄者的画面，可以将主体被拍摄者和背景融为一体。背景中的事物就是主体被拍摄者所关注的对象。

(3) 正侧面拍摄　这指的是正左方或者正右方。这种方向适用于表现被拍摄者或主体有独特地方的时候，有助于突出被拍摄者的正侧面轮廓和线条。

(4) 斜侧方向拍摄　这就是我们通常说的左前方、右前方以及左后方、右后方。这种方向拍摄的特点在于使被摄体的横向线条在画面上变为斜线，使物体产生明显的形体透视变化，同时可以扩大画面的容量，使画面生动活泼。

其次，我们来说说拍摄的角度问题。它是照相机与被摄对象在照相机垂直平面上的相对位置。或者说在摄影方向、距离固定的情况下，照相机与被摄对象之间的相对高度。由于相对高度的不同，便形成了平、仰、俯三种不同的拍摄角度。

(5) 平摄　就是照相机和被摄体在同一个水平线上进行拍摄。这个时候的被摄对象不容易变形，特别是平摄被拍摄者活动的场面，使人感到平等、亲切。拍摄自然景物的时候，地平线的处理很重要。为了强调上下对称，可以把地平线放在中间的位置。但是一般情况下，应该避免地平线平均分割画面，因为那样做的话，远景和近景将压缩在中间一条线上，画面平淡、呆板。

（6）仰摄　这种情况时，照相机低于被摄对象向上拍摄。有利于突出被摄体高大的气势，能够将树这样的向上生长的景物在画面上充分展开。利用贴近地面的仰摄还能够用于夸张运动对象的腾空、跳跃等动作。仰拍被拍摄者的时候要注意的就是，脸部比较胖的被拍摄者尽量不要这样拍。

（7）俯拍　就是照相机高于被摄体向下拍摄。这个角度就好像登高望远一样，眼下由近至远的景物在画面上由下至上能充分平展开来，有利于表现地平面上的景物层次、数量、位置等，能够给人一种辽阔、深远的感受。

附录 2
畜禽品种濒危程度的确定标准

根据种群总数量、繁殖母畜数量和种群数量的发展趋势，畜禽品种分为以下7个级别：灭绝、濒临灭绝、濒临灭绝—维持、濒危、濒危—维持、无危险和不详。

灭绝（extinct）

灭绝是指某一品种不可能容易地重新建立起种群。实际情况下，在既没有繁殖公畜（包括精液）和繁殖母畜，也没有剩余的胚胎时，即可判定为灭绝。

濒临灭绝（critical）

某一品种繁殖母畜总数量低于100头（只）或繁殖公畜总数量低于或等于5头（只）；或者该品种的种群总数量虽然略高于100头（只），但呈现出正在减少的趋势，且纯种母畜的比例低于80%。

濒临灭绝—维持（critical-maintained）

虽然品种种群数量为濒临灭绝，但正在实施该品种的保种计划，或由专门机构正在开展保种工作。

濒危（endangered）

某一品种出现下列情况之一即可判定为濒危：

（1）繁殖母畜总数量在100～1 000头（只）或繁殖公畜总数量低于或等于20头（只）但高于5头（只）。

（2）该品种的种群总数量虽然略低于100头（只）但呈现出增加趋势，且纯种母畜的比例高于80%。

注：摘翻自联合国粮食及农业组织出版的《World Watch List》（3rd Edition）一书。

（3）该品种的种群总数量虽然略高于1 000头（只），但呈现出减少趋势，且纯种母畜的比例低于80%。

濒危—维持（endangered-maintained）

虽然品种种群数量为濒危，但正在实施该品种的保种计划，或由专门机构正在开展保种工作。

无危险（not at risk）

判定一个品种无危险的标准是：繁殖母畜和繁殖公畜总数量分别为1 000头（只）以上和20头（只）以上；或者该品种的种群数量接近1 000头（只），纯种母畜的比例接近100%，且该品种的种群数量正在增加。

不详（unknown）

附录 3
我国青藏高原区域畜禽遗传资源调查实施方案

为贯彻落实《乡村振兴战略规划（2018—2022年）》《全国畜禽遗传资源保护和利用“十三五”规划》，完成青藏高原区域畜禽遗传资源调查工作，查清该区域畜禽遗传资源本底情况，制订本方案。

一、主要任务

对四川、云南、西藏、甘肃、青海和新疆等6省（自治区）青藏高原区域分布的牛（牦牛、普通牛）、羊（绵羊、山羊）、马属动物、家禽和蜜蜂等畜禽遗传资源开展摸底调查。

1．查清资源基本状况　包括遗传资源名称、中心产区及分布、来源、产区自然生态条件、群体数量及近十年来变化情况（群体数量变化、品种内类群变化、性能变化等）、主要特征特性、保护现状、濒危状况、开发利用情况等信息；收集当地气候、环境、人口、文化及社会经济发展状况等信息，分析社会经济和环境变化对畜禽遗传资源变化的影响，揭示畜禽遗传资源的演变规律和发展趋势。

2．资源挖掘鉴定　从表型和基因组水平上对畜禽遗传资源的多样性和重要特征特性进行鉴定、评价。对调查中新发现的畜禽遗传资源进行鉴定，对分布区域广泛的牦牛、绵山羊等遗传资源进行科学分类。

3．资料收集与数据库建设　对6省（自治区）资源调查资料等数据、信息进行系统分析整理，统一录入调查数据库，编写畜禽遗传资源调查报告、编制青藏高原区域畜禽遗传资源名录、编撰青藏高原区域畜禽遗传资源志等。

二、重点工作

1．组建普查工作组　四川、云南、西藏、甘肃、青海和新疆6省（自治区）农业农村厅种业（畜牧）主管处会同有关州县农业局，组织相关管理和专业技术人员组成普查工作组，对当地畜禽遗传资源分布、数量等基本状况进行普查，收集信息资料，配合做好各项调查工作。

2．组建调查专业组　组建牛（牦牛、普通牛）、羊（绵羊、山羊）、马属动物、家禽和蜜蜂5个调查专业组，成员包括相关科研院所和高校科研人员以及一名参与调查的省级部门人员等，系统开展现场调查、测定等工作。

（1）牛（牦牛、普通牛）调查组　中国农业科学院兰州畜牧与兽药研究所牵头，成员包括西北民族大学、四川省草原科学研究院和西藏畜牧兽医科学院等单位。

（2）羊（绵羊、山羊）调查组　中国农业科学院北京畜牧兽医研究所牵头，成员包括中国农业大学、云南农业大学、内蒙古农业大学等单位。

（3）马属动物调查组　青岛农业大学牵头，成员包括中国农业大学、内蒙古农业大学、西北农林科技大学、塔里木大学等单位。

（4）家禽调查组　中国农业大学牵头，成员包括云南农业大学、四川农业大学等单位。

（5）蜜蜂调查组　中国农业科学院蜜蜂研究所牵头，成员包括扬州大学、山西农业大学、重庆师范大学等单位。

3．完善调查技术资料　组织专家制修订资源普查、系统调查、测定和采集技术规范，形成《畜禽遗传资源调查技术手册》（第二版）。

4．开展技术培训　举办青藏高原区域畜禽遗传资源调查启动会，解读调查实施方案，讲解调查技术规范、信息采集、样本采集、数据填报、鉴定评价、报告撰写等内容。

5．加强督导与宣传　农业农村部种业管理司会同全国畜牧总站等单位，对各地调查进度和完成情况进行督导，确保调查工作顺利实施。加强宣传引导，组织农民日报等媒体进行系列宣传报道，营造畜禽遗传资源调查良好氛围。

三、任务分工

1．全国畜牧总站　负责组织实施、日常管理并参与调查工作。提出调查实施方案，组织编制相关调查技术规范和培训教材，开展技术培训；协同开展实验室检测；组织开展督导与专题宣传；汇总、整理6省（自治区）普查工作组和调查专业组上报的调查资料等数据、信息；组织编写畜禽遗传资源调查报告、编撰青藏高原区域畜禽遗传资源志等资料。

2. 普查工作组　6省（自治区）普查工作组负责组织开展本辖区内农业州（县、市）的畜禽遗传资源名称、分布、数量等普查工作，参与组织人员培训，收集调查资料和数据并上报至全国畜牧总站，协助调查专业组开展资源现场调查、测定、样品和资料收集等工作。

3. 调查专业组　调查专业组分别负责6省（自治区）畜禽遗传资源现场调查、屠宰测定、实验室检测等工作，将调查和测定数据、信息统一录入调查数据库；对收集的样品统一进行实验室测定和数据分析；按照统一的规范拍摄、收集典型畜禽个体和群体照片；统一组织调查报告初稿编撰；对相关省（自治区）普查工作组进行技术指导等。

四、进度安排

1. 落实调查任务分工　2019年7月上旬，印发《我国青藏高原区域畜禽遗传资源调查实施方案》，明确参与调查各单位调查任务，制订工作计划，成立调查工作领导小组和调查专业组。

2. 调查工作动员部署与培训　2019年6月底至7月上旬，召开青藏高原区域畜禽遗传资源调查启动会，讲解调查技术规范，明确相关调查工作任务和分工安排，正式启动调查工作。

3. 调查、收集与督导　2019年6月底至12月上旬，基本完成6省（自治区）本年度畜禽遗传资源调查等数据、信息和资料的现场调查、测定和收集等工作。资源调查办公室负责协调联络各调查组工作人员和专家协同开展调查。根据各地调查进展情况，调查办公室组织专家开展督导检查。

4. 鉴定与评价　2019年6月底至12月上旬，完成实验室检验、测定等方面的前期处理和数据收集等工作。

5. 工作总结与宣传 2019年8月下旬至12月底，组织开展系列宣传，营造良好氛围。汇总各地现场调查数据和资料，组织编写调查报告，进行年度工作总结。

五、保障措施

1. 加强组织领导 农业农村部成立青藏高原区域畜禽遗传资源调查工作领导小组，种业管理司主要负责同志任组长，种业管理司、全国畜牧总站分管领导任副组长，成员包括6省（自治区）农业农村厅负责同志，负责研究协调青藏高原区域畜禽遗传资源调查工作的资金争取、人员调配等重大问题，审定调查实施方案和管理办法。

领导小组下设调查办公室，由农业农村部种业管理司、全国畜牧总站有关人员组成，负责落实领导小组决定的重要事项；组织制定调查实施方案与管理办法；负责资源调查工作的组织管理、技术培训、调查督导、各地调查数据资料的收集汇总、分析整理、数据库建立和调查资料编撰，开展专题宣传等工作。

6省（自治区）农业农村厅成立省级领导小组，分管厅领导任组长，种业（畜牧）主管处处长任副组长，负责本辖区畜禽遗传资源调查工作的组织协调与监督管理。

2. 强化经费保障 各地农业农村部门加强沟通协调，争取地方财政经费支持，保障资源调查与收集工作顺利实施。

3. 规范开展工作 制订青藏高原区域畜禽遗传资源调查专项管理办法，对人员、资金、资源、资料等进行规范管理，数据库和专项成果等按照国家法律法规及相关规定共享利用。